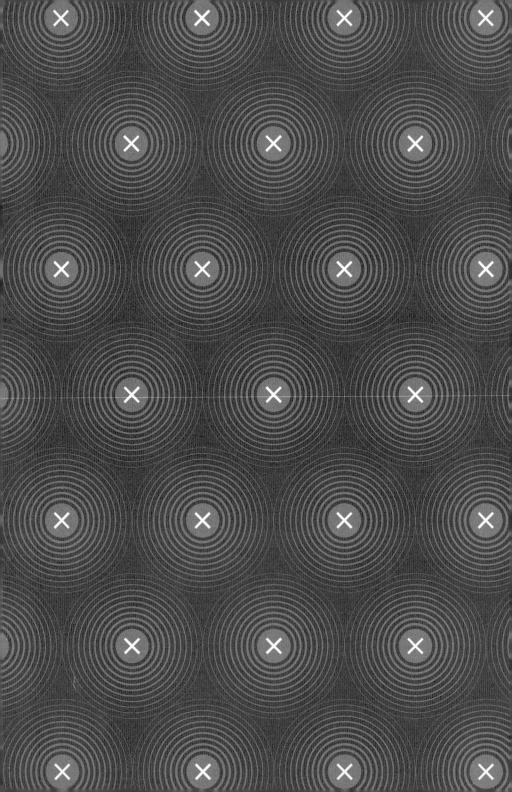

Game Theory
Understanding the Mathematics of Life

反直覺的
賽局思維

贏得商業拍賣、博彩遊戲到
大國核戰略的勝率分析

布萊恩．克雷格 Brian Clegg ■ 著

呂佩憶 ■ 譯

獻給吉莉安、雀兒喜和蕾貝卡

目錄

致謝

謝謝原書出版公司Icon Books的員工,尤其是Duncan Heath 和Robert　Sharman。多年前我在蘭開斯特大學(University of　Lancaster)研讀運籌學碩士學位時,認識了賽局理論的 幾個概念。我很感謝當年的講師,尤其是Graham　Rand, 他現在仍在那所大學。在他擔任編輯的運籌學雜誌《衝 擊》(*Impact*)中,我曾撰寫過許多篇文章,其中一篇讓 我深入研究拍賣與賽局理論。

賽局與真實世界
GAMES AND
THE REAL WORLD

1

　　許多年前我買了一本賽局理論的教科書，當時我還沒聽說過這個理論，所以我覺得被騙了。我本來以為內容會很有趣，以為它會教我使用最佳策略，幫助我在打撲克牌、玩雙陸棋和大富翁時獲勝。我想要的是有趣的分析，透過一些不為人知的數學技巧來玩遊戲（games）。最好還要有指南，教我如何自創有趣的桌遊。結果書裡是一大堆根本沒人玩過的「賽局」（games），還有一些結果的表格，並沒有給我任何指南，而是顯示出有多不可能得出實用的結果，其中還穿插一大堆繁雜的數學公式。但是當我愈研究賽局理論，它看起來就愈像我最喜歡的經典科幻小說。

　　艾薩克‧艾西莫夫（Isaac Asimov）在1950年代的《基地》（*Foundation*）系列小說（已於2021年拍攝成電視影集）中，杜撰一個「心理史學」（psychohistory）的概念。這是一個想像的數學機制，可以根據對人類心理學和群眾行為的了解來預測未來。但是實際上從沒有心理史學這個東西。民調專家收集大量的資料以預測選舉或英國脫歐的結果，卻總是預測失準，顯示了人類是個過於複雜的體系，無法用數學計算出可靠的預測結果。但是賽局理論

的確實現了心理史學可能達成的事，利用物理學的標準方法：建模。

　　物理學使用的數學模型，將複雜的系統變成比較簡單的、物體與其交互作用的組合。系統混亂的部分通常會被忽略（你會注意到這正在發生）。舉例來說，我們所熟悉的牛頓運動定律，乍看之下並沒有把真實世界的情況描述得很清楚。第一定律說，動者恆動，除非有外力介入干預。在日常生活的經驗中，這些外力——例如摩擦力和空氣阻力——是無所不在的，但是為了方便起見，模型通常會忽略這些事，因為這些會使模型變複雜，而且很難一一納入考量。這表示模型並沒有反應出真實的情況——若沒有摩擦力和空氣阻力，當你在一個平面上推一顆球，它就會永遠往前滾個不停。但是簡化事情使得計算比較簡單而容易管理，而且近似於真實情況。同樣的，賽局理論使用數學模型來盡可能簡化人類的互動和決定，以幫助我們了解這些流程。

　　賽局理論始於數學領域中或然率的研究，以設法解決博奕遊戲和其他結果依隨機來源而定的休閒活動，例如擲骰子或硬幣。然而，二十世紀上半葉，有一小群人和美國

半官方組織，開始將博奕的基本數學應用在問題決策上，包括經濟學以及贏得核武戰爭的最佳策略。

　　以「賽局理論」（Game theory）為名所發展出的這個領域，後來變得與遊戲（game）無關，而是關於策略——根據兩人或更多參與者所得到的選擇，最佳的致勝策略為何。賽局的遊戲從消遣變成非常嚴肅的事。這個轉變實在太大，以致於研究賽局理論的人忽略世人所認為的遊戲。但我認為這是錯的。真實的遊戲仍是賽局理論連續體的一部分——只不過許多我們所熟悉的遊戲從賽局理論的角度來看並不有趣，可能是因為這類遊戲太過依賴隨機的運氣、沒有策略可言，或是因為太過複雜而無法發展出策略。

　　「策略」一詞值得我們在此花點時間討論，因為這個詞經常被誤用，而策略一詞在賽局理論中有其專業的意義。策略就是達成某個目標的計畫。然而，正如威廉斯（J.D. Williams）在1960年代出版的易讀著作《完全策略分析師》（*The Compleat Strategyst*）中所指出，策略「指的是任何完整的計畫」。在一般的使用上，策略通常是達成某件事的最佳方法。但是在賽局理論中，策略是用於玩

遊戲的任何完整的計畫，不論這個計畫是好或是壞。以西洋棋為例，你的策略可能是只移動棋盤上最靠近左下角的棋子。這樣的策略幾乎可以肯定必輸，但在賽局理論中，這仍被認為是個策略。

更早期賽局理論的發展是為了處理當兩個參與者正面交鋒，必有一贏一輸的情況。例如，美國的軍事策略所面對的情況，將賽局理論應用在核戰上，以及當核戰爆發時，應該後發反應還是先發制人（但結果可以說是雙輸，而非一贏一輸）。但是近年來賽局理論最重要的影響，在於設計特別的機制以進行頻譜的拍賣。

○× 拍賣頻譜 ×○

「頻譜」（spectrum，英文其中一義為「光譜」）這個詞暗示著這些拍賣似乎和販賣許多顏色有關，但是這裡是指電磁波譜：不是可見光，而是可用的無線電頻率區段，通常是行動電話和無線網路。

過去無線電頻寬主要是用於播送廣播和電視，使用相

圖1.1 波的結構

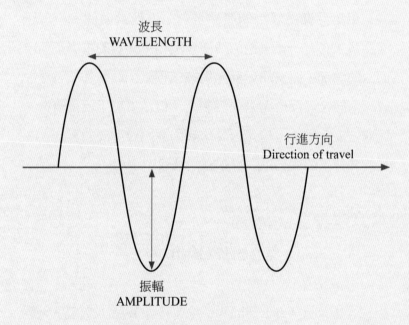

對少量的發送器傳送訊號至許多接收器。由於不同發送器與應用程式之間的重疊，以及早期所使用的技術較簡陋，所以分配給廣電業者的頻寬很廣。

而無線電的定義也很寬鬆。電磁波譜是由頻率或波長來劃分的。波長就是在波行進的重複週期中，同相位的兩點之間的距離。頻率是波在一秒內的完整週期數。

整個電磁波譜——包括無線電、微波、紅外線、可見光、紫外線、X光以及伽馬射線（gamma ray）——其頻率從幾赫茲（hertz，每秒的週期）到幾艾赫茲（exahertz，一百萬兆赫茲）不等。相等的波長從數十萬公里到幾皮米（一兆分之一公尺）不等。

無線電位於這個波譜的最底部，頻率最低、波長最長，波長最高可達一公分，頻率為數百千兆赫茲（giga-hertz，一千兆赫茲相當於十億赫茲），但是在無線電範圍最頂端的訊號，通常被稱為微波，最早使用於通訊和雷達，現在也使用於微波爐。

我們之所以需要盡可能運用每一點無線電頻譜，是因為兩種應用領域的成長——行動電話和無線網路。全世界擁有行動電話的人數爆增，在1990年代，全世界只有百分

之五的人能使用行動電話。到了2015年，已經超過了百分之一百。好像只有運動員和電視比賽節目的參賽者才會說出超過百分之百這種數據，但是這所反映的是，現在許多國家的行動用戶超過其國家的人口數，原因有兩個，許多人擁有多部行動電話，以及其他裝置也要使用行動數據。

到了更近期，使用無線網路連接裝置至網際網路的情況已經無所不在，與此同時眾多的手機仍繼續使用愈來愈多無線頻率的頻寬。頻寬是指無線播送所使用的頻率範圍或波長。裝置需要存取的資料愈多，頻寬要求就愈大。由於智慧型手機技術改變了行動電話，從原本簡單的通訊裝置到現在成為強大的口袋型電腦，這些裝置也開始使用高頻寬資料流以串流播放視訊，以及執行其他資料密集的工作。因為有這樣的需要，網路連線從3G（第三代）快速轉為4G，到了現在已經有了5G連線，實現了過去只有光纖固網才能達到的傳輸速度。

與此同時，電視以前都是占用無線電頻寬最大的消費者，現在也在經歷兩部分的革命。第一個是從類比訊號走向數位訊號。數位頻道所占的頻寬比類比訊號頻道少得多，因為在傳輸前已先進行壓縮，所以可能釋放出更多頻

率給行動數據使用。電視另一個階段的轉變雖然才剛要開始造成重大的影響，但卻會永遠改變我們的觀賞習慣，那就是從播送轉為串流。現在已經有相當比例的人口透過網路觀看大部分的電視節目。遲早有一天，所有電視節目都將以這種方式觀賞，而電視所占的頻寬將會被釋出。

○× 用頻寬來賺錢 ×○

美國將部分電視頻譜轉為使用於行動裝置的過程，就是一個很戲劇性的例子，描繪政府大賺一筆的過程中，賽局理論所扮演的重要角色。

2017年，美國監管電信通訊的聯邦通訊委員會（Federal Communications Commission，FCC）發現，可以將許多電視台的頻率重新洗牌，然後釋放一些頻寬給行動數據。他們主要的對象是600兆赫（MHz）電視頻帶中的最高端，傳統上稱為超高頻（ultra-high frequency，UHF）。結果證實這個區的頻率最好，因為正好銜接現有行動電話頻譜，範圍夠廣，而且能有效穿透建築牆面，這對行動訊

號來說非常重要。

　　執行這個任務的技術團隊面臨兩個挑戰：確保仍能滿足電視訊號的需求，但可能要用不同的頻率；以及從想要得到執照以使用更多頻寬提供服務的電信商手中賺到最多的獲利。

　　電視頻道分配最佳化使用一種複雜的數學演算法，但是從賽局理論的角度來看，這個過程比較有趣的部分則是分配執照給行動電話營運商的機制。聯邦通訊委員會使用一種古老的機制，將東西銷售給多個競爭者，那就是拍賣——而且還加入使用賽局理論設計出來的新花招。

　　還記得賽局理論不只是拿來玩傳統的遊戲而已——這是在有對手的情況下，用來設計策略和決策的機制。參與競標正是賽局理論適合處理的程序：競標者是遊戲中互相競爭的「玩家」，在這個例子中，獎勵是取得頻寬。策略有多有效，通常要視我們對於對手想要什麼及其策略的所知而定。可取得的資訊量對遊戲的玩法很重要，而這就是複雜的拍賣設計的核心。先了解一個顯然很簡單，而且對賽局理論的發展有影響的遊戲——撲克牌，將有助於我們理解拍賣是如何進行的。

○× 資訊與遊戲 ×○

如果你和我一樣不玩撲克牌，你可能會對我剛才說撲克牌很簡單感到很意外，因為要記住每一手牌的優先順序有點複雜。然而因為有這些規則，所以遊戲很簡單——掌握價值較高的牌就是贏家。

不同於大部分的牌局遊戲，撲克牌有不同的形式。有些稱為「聽牌」，玩家的牌面朝下。玩家得到對手的牌花色大小唯一的資訊，來自於各玩家下注的方式，以及任何可以從對方言談和肢體語言中推敲出來的訊息。但是其他形式中，例如梭哈撲克（stud poker，玩家拿到的牌有些是牌面向上）和德州撲克（Texas hold'em，桌面上翻開來的牌都算在每一位玩家的手中），可以讓玩家大略知道對手有哪些選擇。

我們來想像一下，假設每一手牌的每一張牌都是牌面向上的。那就不算是遊戲了，因為每個人都非常清楚其他玩家手上的牌，因此就會知道別人可能會怎麼做（只有笨蛋才會不知道）。可得的資訊多寡，對玩家發展適當策略的能力會有很大的影響。

　　我們傾向把拍賣想像成一個市場，但拍賣的力量就像分享資訊的機制，曝露出拍賣這場遊戲的玩家（出價者）的喜好，顯示他們願意付出多少以得到某個結果。除非他們玩過頭而失去理智，否則遊戲的玩家不會出價高於他們認為的價值。這就是重要的資訊，因為一開始沒有人知道一個東西的價值。我們已經習慣了物品有定價，但這是個武斷的標準。實際上，某個特價品的價值就是有人願意支付的價格。如果要定價，賣方就只能猜測應該定多少價格，然後看看有沒有人要買。但是拍賣則是個方法，以決定物品對參與者來說價值是多少。

　　在2017年美國的頻譜拍賣過程中，拍賣的賽局實力是雙重的，第一是電視台，然後是行動電話網路。第一階段是利用拍賣來看電視台認為頻寬的價值多少。電視公司會收到一筆錢以釋出他們的部分頻率，然後移到新的頻道。這種拍賣涉及一種稱為反向拍賣（reverse auction）的機制，不同於傳統的拍賣方式，反向拍賣只有一個買家，卻有多個賣家。每一個電視台都會收到針對他們情況所提出的價格。牛津郡哈威爾村（Harwell）的史密斯學院院長羅柏・李斯（Robert Lees）參與設計聯邦通訊委員會的拍賣

流程，他寫道：「初始級別的設定考量到每個電視台的播放區域和人口。所以，服務都會區較多人口的電視台，在反向拍賣時會收到較高的初始價。另一個考量點是，設定的價格水準必須具有足夠的吸引力，以鼓勵更多電視台參與。」

如果電視台接受出價，就留在拍賣中。如果拒絕，就退出拍賣並保留他們現有的頻寬，但是必須移動到新的頻道而且不會收到補償金（電視台搬移頻道必須自己花錢，因為他們必須更換播送的設備和重新調整客戶的電視）。到了下一回合價格會降低，然後整個過程再進行一次。到最後沒有新的頻道可以移。此時拍賣就停止，如果還有足夠的資金，剩下的電視台會收到最後拍賣的金額，以放棄他們的頻寬。

當所需的頻寬量釋出後，第二種拍賣類型，也就是比較傳統的「正向」拍賣就在聯邦通訊委員會和行動網路商之間開始了。釋出的頻寬區段會有一個起始價，任何準備支付這個起始價的人就進入拍賣。然後價格會提高，當價格競標得過高，參與者就會退出，直到頻寬被分配給最後一個參與者。

　　這不是結束，因為競標可能會太早結束而無法支付釋出的電視頻道。如果發生這種情況，那麼拍賣就會停止，並且以較少量的頻寬重新開始拍賣，直到拍賣成功為止。以前也有多次頻譜拍賣，但是這次拍賣的獨特之處在於，這是雙向拍賣。行動電話營運商很熟悉拍賣的流程，但是對電視公司來說卻是全新的方式。

　　根據羅柏・李斯的說法：「聯邦通訊委員會花了很多時間確保電視公司了解拍賣流程，而且他們擔心的所有事都會解決。拍賣的設計重點之一就是，電視台的參與應該要盡可能簡單。他們從未被要求一次要選擇三個以上的選項。另一個重點就是，電視台可以隨時自由退出拍賣流程（或是一開始就不要參與），而且他們可以放心，拍賣結束後干擾的情況不會比拍賣前的情況糟。」

　　因為令人意外的是，拍賣很容易出差錯，所以賽局理論對這種拍賣的設計很重要。我們將在第6章中看到，沒有事先預期競標者的策略，使得一些頻譜拍賣變成一場災難。然而以2017年聯邦通訊委員會的案例來說，這場拍賣募集了100億美元支付給電視業，讓他們釋出頻寬，而美國政府也賺進超過70億美元。

　　我們將看到賽局理論的發展歷程——以及電腦可以重複玩賽局而使賽局理論得以繼續發展——但是要了解賽局理論的基礎，我們必須回到過去，找出第一個以數學解釋的機率遊戲。

下注
PLACE YOUR BETS

2

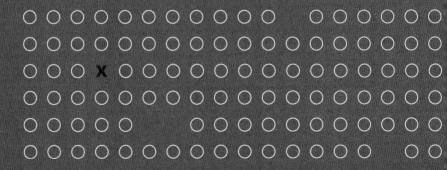

　　原始的賽局理論是以機率的數學為基礎，也就是或然率。賽局理論所研究的一些遊戲是純然的機率，有些則是結合了機率與策略及決策的制訂。

　　最簡單的機率遊戲就是擲硬幣。擲硬幣的好處是，使用最少的設備，卻能創造出硬幣在空中旋轉這個優美的機制。嚴格來說，擲硬幣並不完全公平，因為剛擲出去的時候，人頭那一面通常都會向上，因此結果比字的那一面向上的機會還要高，但是以合理的近似值來說，任何一次擲出一般的硬幣，人頭或是字朝上的機率都是50：50。

　　和擲硬幣一樣這麼簡單的遊戲，就只是預測人頭或是字。因為出現的是完全隨機的結果，沒有策略可言，所以這不屬於賽局理論的範疇。但是，如果擲硬幣的次數多了，情況就會變得有趣得多。若要了解擲硬幣時發生的事，我們必須跟隨義大利物理學家也是賭徒，吉拉莫‧卡達諾（Girolamo Cardano）的思維，他寫過一本《機率遊戲之書》（*Liber de Ludo Aleae*），是第一本系統性研究遊戲或然率的書[1]。

　　卡達諾的書中提出的創新作法之一，就是以分數來表達機率。如果我們擲一個公平硬幣，有一半的機會是人頭

朝上，一半的機會字朝上。所以這個結果的或然率就是：
人頭朝上1/2、字朝上1/2。所有選項的總或然率加總，應
該永遠等於1。以數字來表達或然率極為實用，因為這樣
一來我們不再只是處理單一事件的或然率，還更容易處理
多次事件的或然率。接下來我們更容易放下硬幣，來討論
一下機率運算的發展了。

　　接著我們來考慮擲骰子的情況。每一個標準的骰子都
有六種可能的結果：如果骰子公平的話[2]。每一次擲出骰
子，一點到六點的每一面都有1/6的機會朝上。卡達諾指
出，若要計算出任何一個多種結果的機率，就要把或然率
加總。舉例來說，一個骰子要擲出一點或是兩點，機率就
是1/6＋1/6＝1/3。而擲出一、二或三點的機率則是1/6＋

---

1 卡達諾的著作成書於1560年代，但是直到他過世99年後的1663年才被出版，因
為當時普遍的觀點認為賭博是不名譽的事。

2 正如我們很難確保擲硬幣的公平性，擲骰子的結果通常也比較可能是六點朝
上。這是因為「點」通常是往內凹的點數，表示六點那一面，比正對面的一點
那一面還要輕一點點。

1/6＋1/6＝ 1/2。同樣的，卡達諾計算出第一次和第二次都擲出六點（或是連續兩次擲出六點）的機率，就是1/6 × 1/6，也就是1/36。

卡達諾也嘗試更複雜的機率概念，用兩個骰子擲出一個六點，或是用一個骰子擲兩次得到一個六點的機率。這時我們就不能只是加總或然率了（不然的話用六個骰子或是擲六次就一定會得到六點）。我們知道，一個骰子擲出六點的機率是1/6，所以擲出其他點的機率是5/6。這表示骰子連續兩次都不是六點的機率是5/6 × 5/6等於25/36。如果這就是完全沒擲出六點的機率，那麼擲骰子兩次至少一次是六點的機率就是 1－25/36 等於11/36。略低於1/3。

這個機率的算式也讓我們可以根據至少擲兩次骰子的結果，來制訂策略[3]。使用一個以上骰子，不同的結果就會有不同的或然率。用兩個骰子，最有可能的結果就是七點，機率是6/36（也就是1/6）。相較之下，擲出兩點或

---

3 雖然現在相對來說比較少見，但是早期擲骰子的遊戲都是使用三個骰子。

是十二點的機率只有1/36，而擲出五點或九點的機率則是
4/36（也就是1/9）。這些或然率在使用兩個骰子的遊戲
（例如雙陸棋或大富翁）中，扮演策略性的角色。

○× **隱藏的策略** ×○

　　我們再回來看擲硬幣，當遊戲不只是擲一次硬幣那麼
簡單時，找到正確的策略就顯得非常重要了。我們來想像
一下，幾個遊戲玩家的目標不是一次擲出人頭或是字，而
是要以特定的順序擲出頭和字。舉例來說，玩家可以選擇
三個結果的順序，然後反複擲硬幣直到達到結果。達到這
個順序所需擲硬幣的次數，就是這個玩家的分數，當所有
人都擲出自己指定的順序後，分數最低的人就是贏家。

　　因為頭和字出現的機率是平等的，你可能會覺得不可
能有什麼實用的策略。但是我們來想像一下，假設有一個
人想要在「頭、字、字」，或是「頭、字、頭」之間選擇
一個順序。如果只能擲三次，那麼這兩種順序出現的機率

都是一樣的，也就是1/8。玩家選擇哪一個順序都不重要。但是遊戲並不是這樣玩的，規則是玩家要一直擲硬幣，直到他所選擇的順序出現為止。這樣一來，適當的策略就能給玩家帶來優勢。以兩個選擇來看，選擇「頭、字、字」要比「頭、字、頭」來得好。這是根據當情況不利時會發生什麼事所得出的結論。

　　以這兩種情況來說，除非你先擲出「頭、字」，然後再擲出你所選擇的第三個順序才能贏，否則的話根本沒有機會贏，但是如果第三次的結果不是你所選擇的，那麼結果就會不同。假設你選擇的是「頭、字、頭」，但是你所擲出的前三個結果是「頭、字、字」。如果要再擲出「頭、字」，那你得先擲出頭，然後是字，發生這種情況的機率是1/4。但如果你的策略是「頭、字、字」，而你一開始選擇的順序是「頭、字、頭」，那麼你已經有頭了，接下來只要擲出「字」——機率是1/2——就回到「頭、字」的結果了。雖然這個選擇很反直覺，但選擇「頭、字、字」的勝率比「頭、字、頭」還要高。一般而言，這順序的最後一個幣面和第一個幣面相反，對玩家比較有利。

　　擲硬幣的遊戲通常需要非常審慎地評估最佳策略為

何，正如十八世紀數學家堂兄弟丹尼爾和尼可拉斯・白努利（Daniel and Nicolaus Bernoulli）所設計出的遊戲令人費解的特質。對許多其他人來說，玩這個遊戲所需的策略，是依據丹尼爾・白努利所發明的概念，稱為期望值（expected value）。

○× 價值有多少？×○

想像一下，你在玩擲硬幣時有兩個選擇。如果你擲出一次頭，就能贏得100英鎊，或是連續擲出兩次頭，就能贏得200英鎊。哪一個結果比較好？（這個遊戲非常慷慨，如果擲出別的結果，你一毛錢也拿不到，但你也不會損失任何東西。）期望值——又稱為期望的報酬——就是將結果的機率相乘。只擲一次就得到100英鎊的機率是1/2，所以期望值就是100英鎊×1/2＝50英鎊。而需要擲兩次得到200英鎊的遊戲，機率是1/4，因此期望值和前一個一樣，是200英鎊×1/4 ＝50英鎊。

在其他條件相同的情況下，白努利的期望值概念表

示你不必在乎選擇哪一個遊戲，因為每一個遊戲的期望值都一樣。如果你玩這個遊戲很多次，這兩種遊戲能讓你得到的金額是一樣的。但是在細節裡藏了一個魔鬼。如果只玩這個遊戲一次，選擇100英鎊的遊戲並且獲勝的機會是另一個遊戲的兩倍。雖然兩個遊戲的期望值是相同的，但策略會受到丹尼爾・白努利設計的另一個重要概念所影響——結果的效用。

效用反映出潛在的獲利或損失對你這個人的重要性有多高。100英鎊對百萬富翁和對貧窮的人來說，意義非常不同。如果是否贏錢對你來說不重要，那你應該選擇200英鎊的遊戲，冒多一點風險，得到較高的潛在報酬。但如果贏錢比較重要——不管是多少錢——那麼你最好選擇100英鎊的遊戲。

有了這幾個概念後，我們就可以開始嘗試白努利設計的複雜遊戲了。在這個遊戲中，你要反覆擲硬幣直到擲出人頭，這時遊戲就結束了。如果第一次就是人頭，那你會贏得1英鎊。如果第二次是人頭，就是雙倍獎金：2英鎊。如果你一直擲到第三次才是人頭，金額就會再加倍：4英鎊。如果擲了四次才是人頭，獎金就是8英鎊……不論擲

幾次都是依此類推。但是這個遊戲不像前一個那麼慷慨，你必須支付參賽金。此時需要的策略就是決定你願意付多少錢來玩這個遊戲。

如果參賽金是50便士，那麼策略就不重要，你一定會贏得至少1英鎊，所以你一定要玩。就算參賽金是1英鎊，參賽也比不參賽來得好，因為不論結果如何，你至少可以回本——也就是，你不會有損失。但如果參賽金超過1英鎊，你應該參賽嗎？如果要參賽，你願意付的參賽金上限是多少？我們需要白努利的期望值概念和效用，來計算你的最佳策略。

若要計算期望值，你要考慮遊戲所有可能的結果，因為並沒有一個固定的長度。你贏得1英鎊的機率是1/2，所以第一次擲硬幣的期望值是0.5英鎊。贏得2英鎊的機率是1/4，所以第二次擲的期望值就是再加上0.5英鎊。贏得4英鎊的機率是1/8，所以再加0.5英鎊。每一次的期望值都是0.5英鎊，而加總無限次可能的結果，總期望值就等於無限[4]。

---

4 實際上來說，真正的遊戲總會結束，但我們可以說期望值沒有上限。

單就期望值來說，不論遊戲的參賽金是多少，都是值得的。

　　但是當我們帶入效用時，情況就不同了。最可能的獲利是1英鎊，贏得128英鎊以上的機率只有1/128。獎金愈高，機率就愈低。顯然只有衝動的億萬富豪才可能支付100萬英鎊，去參加結果最可能只會贏得1英鎊的比賽。贏得超過100萬英鎊的機率是1/1,048,576——機率不到百萬分之一。所以，策略的選擇必須考量對每一個玩家的效用。視你個人的身價而定，對你來說「小錢」可能是1英鎊或是100萬英鎊——但是在這樣的遊戲中，承擔超過你負擔得起的風險，就不是個好策略。

　　雖然歷史上有許多方法和系統，但是對於那種純粹靠機率，玩家沒什麼選擇，只能等待擲硬幣或骰子的結果出現的遊戲，就沒有策略可以使用。不過還是有許多其他遊戲是可以應用賽局理論。

　　接下來我們就從最簡單到最複雜的順序，來看看井字遊戲、雙陸棋、大富翁和圍棋這幾種遊戲。

○× 絕對不能輸 ×○

　　井字遊戲顯示，需要策略的遊戲不表示很複雜：這個遊戲的策略是結果唯一的促成因素（contributor），也就是不靠機率。在一些兩人遊戲中，最佳策略代表第一或第二人可以一直贏下去，但是完美的策略則永遠會是平手。

　　這個策略非常明顯，只要有一點經驗，幾乎所有玩家都能實現完美策略。不知道你在成長過程中有沒有玩過井字遊戲，其實這遊戲很簡單，使用三乘三的九宮格「板」

圖2.1　井字遊戲

（通常只是在紙上畫線而已）：玩家依序在九宮格內畫圈圈（○）或叉叉（×）。如果有一位玩家占滿一排（水平、垂直或對角線）連續的三格就贏了。好的玩家目標是選擇一個可以填滿一、兩排的位置，這樣對手就只能阻擋其中一排。如果兩位玩家都選擇最佳策略就不可能贏，永遠都會是平手。

第二位玩家的動作將決定結果是平手還是輸。不論第一位玩家往哪個方向走，只要第二位玩家一開始占著角落或是中央，就永遠有機會逼和。但如果第二位玩家從邊緣的中間開始，就可能會輸。

在圖2.2的例子中，○先開始，並且占中間。而×做了正確的決定，占著一個角落，接著○占著某一排的兩格，而×擋住第三格，就這樣一直到無法占滿三格。

但是如圖2.3，若是第二位玩家的×一開始就占著邊緣的中間，那麼○就占著中間和角落的優勢組合。現在×要阻止○排成對角線，而○則可以加入第三格，讓○有兩個排成一直線的機會——不論×阻擋哪一邊，○都可以排成一線，結束遊戲。

這個失敗的策略背後隱含著什麼？如果在第二個遊戲

圖2.2 兩位玩家都選擇正確的策略，結果平手

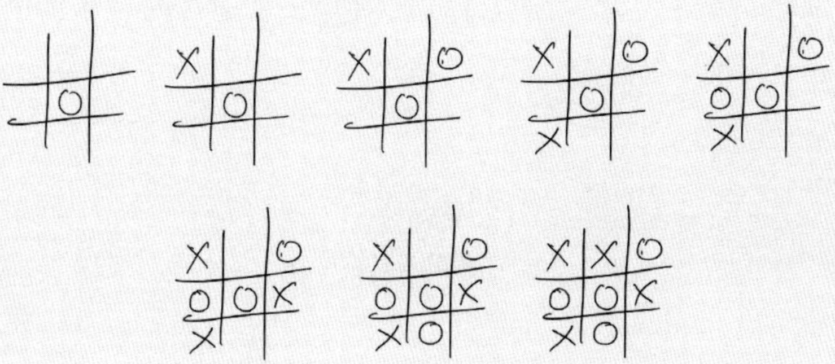

圖2.3 兩位玩家都選擇正確的策略，結果平手

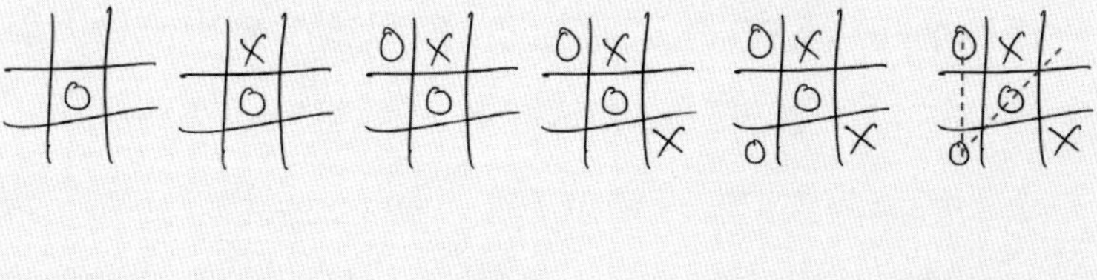

中，╳占著中間（和第一個遊戲一樣），這位玩家就能連續兩次有兩個可能的方向可以選擇。但是如果選擇邊緣的中間，其中一個方向（正中間）已經被○切斷了，╳的選擇只剩下一半，所以除非○在第二次選擇時犯了什麼錯，否則╳就輸定了。

○╳ 雙陸棋 ╳○

雙陸棋（Backgammon）比井字遊戲要來得複雜得多，因為這個遊戲涉及或然率和策略。這是個古老的遊戲，數千年前就有形式類似的遊戲，泛稱為桌棋（tables）。遊戲的目標是移動棋子，最後離開棋盤，並且使用兩顆骰子（點數是分開來的，所以如果擲出一個六點和一個五點，就可以移動六和五，而不是一次移動十一步）。如果對手只有一顆棋子在「點」上（板子上的三角形的位置），玩家就可以攻擊對手的棋子，但是如果對方已有兩個以上的棋子在點上，就不可以停在那一點上。

策略的促成因素之一，就是擲兩顆骰子可能的結果。

表2.1　使用兩顆骰子的總和機率

2	3	4	5	6	7	8	9	10	11	12
1/36	2/36	3/36	4/36	5/36	6/36	5/36	4/36	3/36	2/36	1/36

如前所述，七點是最有可能的點數和（因為可能是1＋6、2＋5、3＋4、4＋3、5＋2和6＋1）；其他總和的機率如表2.1所示。

　　知道每一個總和的機率很有用，因為其中一個犧牲棋的做法是，同一顆棋子走兩顆骰子的點數，舉例來說，你可以先讓一顆棋子走六步，然後再走五步，總共是十一步。然而，雖然機率對遊戲的結果來說很重要，但是阻擋的點會影響機率的重要性。這個遊戲的策略有很大一部分涉及移動這些阻擋的點。有兩個重要的原因：第一，因為每一個骰子的點數是分開來的，所以（繼續前面的例子），唯有當前面五格和六格的地方沒有棋子占位，才能走十一格。

圖2.4 雙陸棋的起點，以及移動的方向

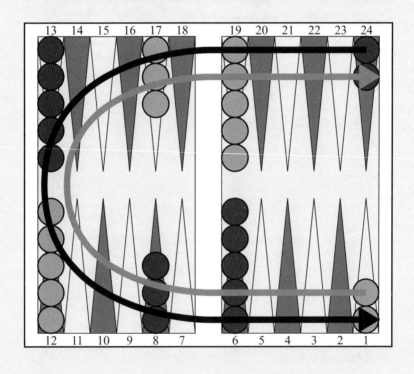

CH 2 下注 041
PLACE YOUR BETS

　　第二，當一個玩家有一個或多個棋子被攻擊後移走，就不能再行動，直到把棋子移回到板上。棋子根據骰子的點數，回到玩家的起始點。所以如果白棋有一個棋子被移走，而黑棋又擋住了起始點，白棋就更難回到板上繼續遊戲。

　　雙陸棋的兩個關鍵策略在於遊戲的開局與收尾。骰子點數的任何組合，都有可能推敲出最佳的開局法。舉例來說，擲出五點和六點，應該從有兩個棋子的點移動一個棋子到棋盤的另一邊；而許多種距離兩格的組合（例如一點和三點，或兩點和四點）可以用來移動兩個相距兩格的棋子，以阻擋額外的點[5]。

　　同樣的，玩家在結尾時必須將所有的棋子移到板子末端的位置，然後才能開始移走。通常可以選擇兩顆棋子走短距離，或是一顆棋子走長距離。如果走兩顆棋子可以讓玩

---

5 雙陸棋的一些最佳開局法是有爭議的。例如，雖然厲害的玩家會以上述的方式使用大部分相距兩點的點數組合，但是有些玩家在遇到六點和四點的組合時，會使用別的方案。

家把這兩顆棋子移到末端，或是從板子完全移開，這是比較理想的策略，因為這麼做就能以較少的動作結束遊戲。

雖然看似簡單，但雙陸棋板上有一億乘十億個可能的位置，而且策略範圍會因為這個遊戲最複雜的規則而變大：「加倍」的規則。根據規定，贏家可以得到一點（或是一個貨幣單位）。如果一個玩家結束時，另一方還沒有任何棋子移出板子，則結束的玩家就可以得到兩點（稱為gammon）。或是一個玩家結束時，另一方還有至少一顆棋子留在起始區中，則結束的玩家可以得到三點（稱為backgammon）。

但是遊戲一開始時，雙方都有機會可以把遊戲值加倍。如果另一方同意，贏家的點數可以加倍，如果另一方不同意，那麼提供雙倍的玩家立即獲勝，取得這一局的值。其中一個玩家的點數加倍並且被接受，就只有另一個玩家可以加倍——兩位玩家可以輪流將點數加倍。

加倍的規則通常是利用「雙倍骰子」進行的，也就是六個面上的數字分別為2、4、8、16、32與64，但是加倍的規則沒有限制，再加上可以重複攻擊棋子、重設棋子的位置，意思就是，原則上這個遊戲有無限的可能狀態。

（在計算上述可能位置的數目時，是假設只有三個可能的加倍狀態，對應於：沒有人加倍、白棋或黑棋決定是否加倍。）

　　相較於井字遊戲，雖然雙陸棋不完全是策略遊戲，但有很多機會可以利用數學概念來提升策略。

○× 更進一步 ×○

　　許多現代桌遊是以雙陸棋的架構為基礎，只不過每一個玩家只有一個棋子，而且遊戲板可以一直循環玩下去。但大部分這類遊戲，板上的某些或所有的位置都有特定的屬性。二十世紀最為人所知的桌遊「大富翁」就是這樣。雖然1903年已有一種大富翁桌遊（以示範擁有資產有多邪惡），但這個遊戲一直到1935年才被製造成商品，並以紐澤西州大西洋城街道為基礎。倫敦版的大富翁則是於1936年推出，後來則有世界各地城市的大富翁。

　　大富翁和雙陸棋一樣，兩個骰子不同組合的多種或然率，是影響遊戲策略的因素，但我們會看到在大富翁中，

從特定位置倒推回去計算這些或然率，效果最好。

　　大富翁玩家可以買下所在的格子，後來走到這些格子的玩家就必須支付過路費——如果買下格子的玩家後來又在同一格上置產，那麼收取的過路費就會增加。選擇置產位置的好方法是考量其他玩家比較可能走到哪些格子。我們剛才看到，兩個骰子最可能出現的結果是七點，而五點到九點出現的機率也相對較高。

　　表2.1所顯示每次擲骰子的機率，大致上仍是正確的，但是在大富翁裡機率分佈略有不同，因為每次擲出兩個相同的點，玩家就可以再擲一次。原則上可能連續兩次擲出兩個相同的點數（如果第三次擲出兩個相同點數，玩家就要坐牢一回合），所以在玩家在下一回擲骰子時，就可能落在更多點上。這也會改變或然率，也就是說，雖然擲一次骰子比較可能會落在八點而不是六點，但擲兩顆骰子一次時，玩家同樣也有可能落在這些格子。這是因為連擲兩次得到八點的機會，比得到六點的機會還要多。但是出現五點到九點的機率還是最高。

　　不同於雙陸棋的是，除了擲骰子外，大富翁還有別的辦法可以讓棋子在板上移動。其中一種是抽「機會」和

「命運」牌。每一張牌都有多種結果，玩家可能會賺錢或是虧錢，但就策略來說，重要的因素是「機會」和「命運」可能可以讓玩家前往到某一格。這使得那些格的價值更高，尤其是火車站、特拉法加廣場／伊利諾大道和梅菲爾／木棧道[6]。

　　大部分的玩家難免會被迫坐牢一次（可能是正好走到監獄那一格，或是因為某些原因被迫坐牢）。因為坐牢的原因有很多，不論是正好走到「前往暫停格」上、抽到的「機會」和「命運」牌指定坐牢，或是連續三次擲出兩個相同點數，或是正好就是走到監獄那一格。這就提高了玩家離開監獄時，落在監獄前五到九格的機率，所以這幾格就是置產最理想的位置。因此監獄之後的車站以及接下來的橘色格子，就比任何其他位置更理想，而洋紅色的格子（除了第一個）和紅色的格子機率也會提高。

　　研究置產的投資報酬率（一次蓋三棟房子要比一次

---

6 編按：作者描述的是標準英國版地產大亨（Monopoly Board Game UK Edition），物業地點都位於倫敦。

蓋一棟更有效率），還有其他策略精妙之處。但可以肯定的是，運用賽局理論玩大富翁的好處比表面上看起來還要多。

○× 圍棋進階 ×○

　　針對一些具有複雜策略的遊戲，有些人撰寫出電腦程式讓電腦也可以玩；最早的電腦程式桌遊是西洋棋，但是更難破解的桌遊是圍棋。這個看來很簡單的遊戲，是由兩個玩家輪流將白子或黑子放在縱橫交錯的棋盤交叉點上，吃掉另一方被包圍的棋子，而下棋的可能性組合多不勝數。

　　舉例來說，西洋棋的白棋有二十種開局法可以選擇（士兵有十六種走法，騎士有四種走法）；每一種「開局」都有人做過廣泛的分析。標準的圍棋盤有361個點，玩家可以任何一個點開局，幾步內的走法多到數不清。圍棋大約有 10^{170} 種可能的走法，相較之下西洋棋則有 10^{50} 種可能的走法[7]。

　　有些圍棋策略可立即打敗隨便亂下棋的新手玩家。這些策略通常包括將自己的子連接在一起，同時試圖切斷對手的子——所以角落是最好的開局點。但是早期根據遊戲理論所設計出的圍棋電腦程式，結果並不是很好用。形式簡單加上複雜的組合，使得圍棋的程式開發需要使用不同的方法。一個可以打敗人類冠軍的軟體——Alpha-Go——終於開發出來，使用的方法卻是拋棄傳統的策略發展。

　　AlphaGo運用神經網路，這種電腦結構某種程度上可以模擬人類大腦的部分結構，提供的機制可以在沒有意識甚至是不知道可用策略的情況下做決定。實際上，第一個打敗世界圍棋冠軍的版本，結合了人類圍棋專家的訓練以及自行學習，所以實際上還是有使用策略。但是2017年時，開發團隊提供更新的版本。他們在《自然》（Na-ture）期刊所發表的文章中指出：

---

7 10^n是1後面有n個零。所以10^6是一百萬（1,000,000）。 10^{170}就是1的後面有170個零，這比宇宙中預估的原子數量還要多。

我們推出的演算法只根據強化學習，沒有遊戲規則以外的人類資料、指導或領域知識。AlphaGo變成自己的老師：神經網路經過訓練以預測自己的選擇以及成為AlphaGo遊戲的贏家⋯⋯從白紙開始，我們新的程式AlphaGo Zero實現超人類的表現，和之前打敗人類冠軍的AlphaGo對奕，AlphaGo Zero的表現為100比0。

這個版本唯一的根據就是遊戲規則，完全沒有策略概念。AlphaGo Zero只是和自己對奕五百萬次，一開始隨機下棋，後來就超越了原本的可能性。這個軟體完全沒有接收指示，只是利用強化學習，根據每一步預估的可能得勝率，每一次表現好時就會得到獎勵，提高軟體發展出成功策略的比重。結果通常是令圍棋專家摸不著頭緒的決定，事實上，AlphaGo部分的優勢在於它的下一步可能是完全沒有邏輯的。

某種程度上，AlphaGo還是有使用策略──但它沒有使用任何理論來發展策略，也不了解為什麼使用某個策略。一切都是靠嘗試與犯錯的學習過程（並且一開始著重

於「犯錯」）。AlphaGo對賽局理論一無所知。

　　這個方法的成功顯示出賽局理論的其中一個限制。圍棋這個遊戲完全無法應用賽局理論，因為可能的走法和反制實在是太多了。就很像處理一盒氣體的物理特性，雖然理論上你可以計算出每一個氣體分子的牛頓法則行為（暫且不談量子物理學的奇特之處），但實際上真的要計算出合理大小的盒子中數兆個分子的行為是不可能的，所以要使用統計學的方法。但是這完全不會否定牛頓的法則。

○× 一種不同的遊戲 ×○

　　有人臆測，AlphaGo軟體的成功代表人工智慧可以擴及幾乎任何領域。但是別忘了，雖然圍棋是個非常難精通的遊戲，但規則卻極為簡單。當數學家離開桌遊並進入實際的應用時，必須採取不同的方法，必須考量到真實世界更複雜的規則，即使人類的互動比任何桌遊都還要複雜得多，他們還是得提供一種模型，保持情況簡單以便處理。

　　這表示賽局理論的核心遊戲，和桌遊或博奕遊戲的相似度不高，反而是與人類日常面對的決策挑戰比較像。這樣看來，有時被形容成是賽局理論靈感來源的撲克牌，則是介於傳統遊戲與賽局理論之間，因為撲克牌是玩家可以利用吹牛作為武器的少數遊戲之一。

　　約翰・馮紐曼（John von Neumann）在《賽局理論與經濟行為》（*Theory of Games and Economic Behavior*）一書中指出，吹牛有兩個目的：當你手中的牌很好時，要讓人以為你手上的牌不好（這樣別人才會賭你的牌較差，然後輸給你）；另一個則是當你手上的牌不好時，要讓人以為你的牌很好（這樣別人才會蓋牌，這樣你就贏了）。應用賽局理論就表示，最好的方法就是在手上有好牌時固定下注，而手上牌不好時則是偶爾下注，這兩種的結合。

　　在玩任何一種牌局時，你只需要會運用機率，就能達到最大的獲勝機會。例如知名的撲克牌遊戲「二十一點」（blackjack），機率就是關鍵。玩家和莊家都從洗過的牌中拿一張牌，目標是盡可能達到而不要超過21點（A可以是1點或是11點，而所有人面牌則是10點）。這個遊戲的確有個基本的策略，可能是設定一個最低點數，而不要

再拿牌。但是獲得更多資訊,就有助於主要策略引導你做決定。

當牌發出後就不能再重複使用。這表示當遊戲繼續下去,仔細觀察的玩家就會愈來愈清楚還剩下哪一些牌。舉例來說,如果只使用一副牌(賭場通常會用好幾副牌),一旦四張A全部都發出來,就無法再出A了。知道哪些牌已經用掉了,就有可能計算出每一手牌的變化機率,引導玩家決定是否要再拿牌。

這個技巧稱為算牌。奇怪的是,雖然這個方法是純粹的技巧,既不誤導人也沒有作弊,但賭場卻可以將算牌視為違反規則。但重點在於,或然率讓記憶力和數學能力都很好的玩家判斷,該怎麼做以提高獲勝的機率。但是以撲克牌來說,如果玩家只依靠或然率來決定策略,那麼下注的方式就能讓其他玩家知道對方手上的牌好不好。當你手上的牌不好時,靠著吹牛和演戲讓人以為你有一手好牌(反之亦然),就能改變你的情勢。正是這個從純粹賽局理論的或然率轉為加入行為策略的舉動,使得賽局理論既新穎又有趣。

促成這個發展的人,是一般公認二十世紀最多才多

藝的應用數學家。他的名字就是我們剛才提過的約翰・馮紐曼。

馮紐曼的賽局
VON NEUMANN'S GAMES

3

　　約翰・馮紐曼的知名度可能比英國數學家解碼員艾倫・圖靈（Alan Turing）來得低，但是兩人對於電腦發展的貢獻不相上下，而且馮紐曼對於賽局理論成為一門學問也扮演重要的角色。他的賽局理論研究似乎出自他對於撲克牌的興趣（不過他的牌技不佳）；但是我們先前已經看過，賽局理論後來的發展已遠超過傳統的賽局概念。

　　到目前為止，我們都理所當然地認為遊戲可類比在生活中做決策。曾於二戰期間和馮紐曼合作的波蘭裔英籍數學家暨才智評論員雅各・布朗諾斯基（Jacob Bronowski），在他的鉅作BBC紀錄片《人類的崛起》（*The Ascent of Man*）中說道：「你一定可以理解，某種程度上所有科學、所有人類思想都是一種遊戲。抽象思考是智力幼態延續的現象[1]，人類藉此延續沒有立即目標的遊戲活動

---

1 幼態延續（Neoteny）是指成年後仍維持幼年的特徵或行為。人類的外形被認為就是幼態延續，因為人類成年後仍保留一些類人猿在成年後就褪去的生理特徵（例如頭比較大、臉部較扁平且無毛髮）。布朗諾斯基此處暗示的是，抽象思維是人類成年後仍持續年幼時愛玩的行為。

（其他動物只有在幼年時才會玩耍），但卻可以為自己準備好進行長期的策略和計畫發展。」

　　本名是紐曼・雅諾許（Neumann János）的約翰・馮紐曼（後來被稱為強尼），1903年生於匈牙利布達佩斯，早年就對數學很感興趣。這一點很肯定，另一個比較不確定的就是，經常有人宣稱紐馮曼幼年時就能模仿他祖父的能力，可以輕鬆心算非常大的數字：雖然後來他的確有展現算數方面的高超能力，但似乎是經過一番費力的學習而來的。然而他的記憶力確實驚人，他能很快吸收書中的內容，後來還能再回想並反覆思考。十歲的時候，他的父親密克夏（Miksa）獲得世襲的頭銜，所以他們的德文姓氏多了一個代表貴族的馮（von）字。

　　1921年，十七歲的馮紐曼同時開始於蘇黎士研讀化學工程（他父親希望兒子發展的事業方向），以及在布達佩斯大學攻讀數學博士學位。他選擇的博士論文主題很有挑戰性：解開困擾集合論公理的亂局。德國數學家格歐・坎托（Georg Cantor）發展的集合論（Set Theory），被認為是算術的基礎，但是其中一個公理有個問題，必須建構數學公式以證明假設。

集合論的其中一個公理，就是所謂的選擇公理（axiom of choice）指出：「我們可以對每一個集合提供一種機制，來選擇集合的任何非空子集中的一個元素。」這看似很明顯，但是沒有指出該如何選擇。公理設定的方式可能令人困惑，但是馮紐曼加入了一個公理，稱為正規公理（axiom of foundation），排除了可能會令集合論無法控制的集合。這個公理叢沒有解決選擇公理仍獨立於其他公理的問題，但確實讓集合好用得多，而這正是坎托的原意。

1920年代末期，馮紐曼在哥廷根大學和柏林大學時，對當時剛發展出來的量子力學，提供了很多數學方面的貢獻。1929年時，他搬到美國的普林斯頓大學，不久後和他在匈牙利故鄉童年時的朋友瑪莉葉塔・科維西（Marietta Kövesi）結婚，但婚姻持續不到十年。馮紐曼餘生都留在美國，他在1933年加入位於紐澤西州的高等研究院（愛因斯坦在美國進行學術研究的地方），並於1937年成為美國公民。

1928年馮紐曼還在歐洲時，發表他的第一篇，也是非常具有影響力的論文《策略型遊戲的理論》（Zur Theorie der Gesellschaftsspiele，英譯：On the Theory of Games of

Strategy）。這篇論文奠定了馮紐曼的大中取小定理（可
參閱稍後會出現的單元：大中取小），這正是賽局理論的
關鍵基礎之一。

　　他針對這個主題的研究，最後和經濟學家奧斯卡‧摩
根斯坦（Oskar Morgenstern）在1944年合作寫成令人望而
生畏的巨著《賽局理論與經濟行為》。我們之前已提過，
大量機率遊戲理論的數學研究可以追溯到卡達諾。從十八
世紀的英國外交官詹姆士‧沃德葛瑞夫（James Walde-
grave）開始，許多年來有不少數學家曾提及賽局理論這樣
的概念。到了1920年代，法國數學家艾米爾‧波黑勒（
Émil Borel）是首位在賽局理論中納入虛張聲勢的概念，並
應用於政治與軍事決策。但是賽局理論被接受成為一個數
學領域的現代理論基礎，是由馮紐曼所奠定的。

　　馮紐曼似乎充滿幹勁，花了許多時間在工作而忽略家
庭生活。據說他在撰寫《賽局理論與經濟行為》一書時花
了非常多時間，他的第二任妻子克蕾拉（Klára Dán）——
同樣是匈牙利裔，後來成為最早期的電腦程式設計師之一
——她曾以有點令人費解的措辭說，她再也不想和賽局理
論扯上關係（因為她的丈夫忙於這個理論），除非那和大

象有關。

　　以現代人的標準來看，馮紐曼的幽默感既粗俗又帶有性別歧視，但他卻以高雅的方式回應妻子的這句評語。在書中有關集合與劃分的部分，集合的圖顯示一個有許多點的區域，這些點被曲線分為好幾個集合和子集。其中一張圖的文字描述說明如何使用線段來找出劃分的項目（從集合中區分出來的部分，而且不必是連續的），圖裡面就可以清楚看到一個大象頭的形狀（圖3.1）。

　　雅各・布朗諾斯基敘述他們曾在倫敦搭乘計程車時的對話，說明馮紐曼對賽局的態度。他聽到「賽局理論」一詞時，熱愛西洋棋的布朗諾斯基以為（筆者本人也以為）馮紐曼所處理的是這類的比賽。「不，不，」布朗諾斯基指出，馮紐曼說：「西洋棋不是比賽。西洋棋是一個定義完整的運算形式。雖然你可能無法解出答案，但是理論上來說，任何一盤棋都一定會有一個正確的走法。但真正的賽局並不是這樣的。真實的人生並非如此。真實人生中我們會運用虛張聲勢、一點欺瞞的策略，你還會問自己，對方以為我會怎麼做。這才是我理論中的賽局。」

　　根據布朗諾斯基的說法，馮紐曼的方法說到底就是

圖3.1　《賽局理論與經濟行為》中的圖
（經普林斯頓出版同意印製）

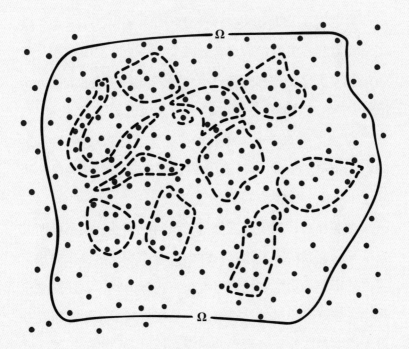

明確區分戰術和策略。戰術是短期的，而且通常比策略還需要更多細節。策略的期間比較長，而且很少能精確地計算；但是馮紐曼利用賽局理論發現，我們可以找到更好的策略，通常是根據一定程度的資訊來選擇最佳策略。

　　賽局理論只是馮紐曼留給後人的一小部分研究。除了是對電腦發展貢獻最卓著的兩人之一，在二戰期間，馮紐曼也參與了原子彈開發的曼哈頓計畫（Manhattan Project）——他的興趣主要在於氫彈。他也參與了另一個和賽局理論有關的研究，那就是發展相互保證毀滅（mutually assured destruction）的冷戰政策（參閱本章最後一個單元：邁向「瘋狂」）。

　　馮紐曼也研究生物性重複資訊的重要性，以及早期天氣預測的運算科學。他於1957年因癌症病逝，得年53歲。這位了不起的數學家絕對值得一座諾貝爾獎，但他從來沒得過，也許是因為他的研究範圍實在太廣了。他的研究有很大的貢獻在於他將數學的嚴謹——以及理性——帶入許多的領域，包括許多原本不重視數字精確性的領域，例如經濟學與決策學。

○× 理性是什麼？ ×○

　　賽局理論採用邏輯和數學方法，以產生最佳策略應用於遊戲，並且也將同樣的方法應用於真實情境中。理論上，這些真實的情境從人類的日常互動到戰爭的關鍵決策比比皆是。但實際上，雖然許多人類的活動可以被視為賽局，但是賽局理論的應用有一些顯著的侷限。

　　廣泛來說，賽局理論的這些限制源自於兩個條件：理性和複雜性。唯有當參與者都理性行動，賽局理論才能提供可應用的策略。然而在真實世界裡，到底什麼才是理性的，比將一個變數最大化，還要複雜得多，而許多簡單的遊戲就是以變數最大化為基礎建構的。關於這一點有一個很重要的教訓，那就是英國在2016年的脫歐公投。執政的保守黨策略分析師假設，理性的決定會關切什麼對經濟的立即影響最大，因而同意進行公投。毫無疑問，脫歐會對英國經濟造成衝擊，所以他們認為選民會「理性」地投票留在歐盟。

　　然而選民大眾並不像經濟學家或政客，選民有很多理由把票投給脫歐：從取回對國家的控制權、歐盟體系愈來

愈官僚、憂心無法控制移民對社會的影響，到鄉間的選民
想要懲罰住在都會區的精英，因為他們覺得都市人都認為
他們很偏狹。

　　本書撰稿於2021年，幾乎每天都還是能看到熱忱的留
歐支持者搞錯重點，而且他們發現（幾乎有點幸災樂禍）
完成脫歐後無可避免的貿易衝擊。這些人覺得不認同他
們的人既不理性又愚蠢。但他們搞錯重點，理性是一個多
面向的概念，因此，想將賽局理論應用在政策上的人，
必須更了解對他們自己生活圈之外的人來說，重要的事是
什麼。

○×複雜與混沌×○

　　脫歐這個決定的複雜度遠超過許多人的描述，這就帶
出了賽局理論的第二個限制。理論核心的賽局通常涉及兩
個參與者，每個參與者都有兩個可能的選項。沒有灰色地
帶、沒有談判空間。規則清楚而且精確。這對數學家來說
是完美的數學模型世界，但是與真實世界卻完全不同。賽

局的規則通常嚴謹而明確。但是在真實世界的情境中，通常有很多選項而且只有少數清楚的規則，而制訂決策的環境通常以數學來看是一團混亂。

混沌系統看似隨機，但其實非常確定，而且具有清楚的因果關係。但對於那些希望能預測混沌系統運行方式的人來說，可惜的是，在起點上非常微小的差異，可能很快就會使結果產生非常大的變化。這就是為什麼氣象預測這麼困難。氣象系統很混亂，混沌數學就是從氣象中發現的。但是大部分的人類互動也具有同樣混亂的本質。

當然，有些非常公式化的互動的確有規則，而且這些規則足以讓賽局理論可以精確運用，但許多規則卻非常難以精確指出。然而這個複雜的本質並未使賽局理論變得無法使用。更了解決策流程的動態具有非常高的價值，例如當參與者根據一個或多個因素做出理性的行為，觀察這些因素可能如何影響決策的結果。我們必須將賽局理論當成一個更複雜系統的模型，它能幫助我們深入理解，而不是得出正確答案的方法。這個數學模型能幫助我們探究各種影響，只不過它不一定能提供最佳的策略。

○× 為什麼需要數學？ ×○

對於像約翰‧馮紐曼這樣的數學家來說，數學很明顯是探究決策選項和策略的工具。但是對許多其他人來說，為什麼介紹了解遊戲的概念有必要使用到數學，這一點一開始時並不是很明顯。有些人懷疑，在遊戲中加入數字是數學家為了要摧毀原本很有趣的消遣活動。許多人認為數學是個令人不自在（或是我實在不想說的「無聊」）的學科，因此看不出來為何遊戲的常識和規則，不足以提供致勝的策略。畢竟我們都想當個理性的人。既然如此，有什麼事會出錯嗎？

人們對一個遊戲的反應正好反駁上面這個觀點，那個遊戲就是「蒙提霍爾問題」（Monty Hall problem）。這個挑戰是出自1960年代美國益智節目《我們來交易》（*Let's Make a Deal*）的遊戲。在遊戲的最後階段，也就是「大買賣」，參賽者要把目前為止贏得的到東西拿來交換一個不明的獎品，而獎品藏在三道門之中的一道門後面。通常其中一個獎品的價值低於他們所累積的獎金，其中一個略高於獎金，還有一個比獎金的價值高出許多。

　　後來這類提出交易問題的遊戲就被稱為「蒙提霍爾」，也就是《我們來交易》節目主持人的名字。這個問題玩法有一個意外的轉折。這三道門後只有一個獎品是好的，另外兩個都很差。遊戲的玩法通常是這樣的，一道門後有一輛跑車，而另外兩道門後則各有一隻山羊。參賽者可以自由選擇其中一道門（也許是根據觀眾的吶喊來決定）。但是在公佈獎品前，主持人會打開其中一道門，後面是山羊。這時參賽者有機會堅持他原本的選擇，或是換成另一道門。

　　我們所看到的策略是要判斷，參賽者堅持原本的選擇比較好，還是換成另一道未開的門，或是沒有理由偏好其中一道門。這個謎題曾經出現在1990年9月9日出版的《大觀》（Parade）雜誌。在此要先對美國以外的讀者解釋一下，這是一本週日出刊、全美國700種報章雜誌的夾報刊物，讀者人數大約超過五千萬人。這個謎題印在〈請教瑪麗蓮〉專欄中，瑪麗蓮・沃斯沙凡特（Marilyn vos Savant）名列金氏世界紀錄世界智商最高的人，高達228。（她的本名是瑪麗蓮・瑪赫；她在工作時使用的姓氏是她母親娘家的姓。）

　　「蒙提霍爾問題」是由住在馬里蘭州哥倫比亞市，一個名叫克雷格・威提克（Craig F. Whitaker）的人寄給沃斯沙凡特。對大部分的人來說，不論選擇哪個門，乍看之下答案是簡單的常識。當主持人揭曉一隻山羊後，還剩下另外兩道門，其中一道的後面是山羊，另一道門後面是汽車。這表示參賽者不論選擇哪一道門，都有一半的機率贏得汽車。然而沃斯沙凡特卻說，第一道門有三分之一的機率贏得汽車，而第二道門則有三分之二的機率。所以參賽者應該換到第二道門。

　　12月2日，沃斯沙凡特又回頭去看這個問題，因為她提出的解決之道被一大堆負面回應所淹沒。她說：「天啊！這麼多有學問的反對意見，我敢說這個問題一定會在星期一全國的數學課堂上掀起踴躍的討論。」其中一個反應的評語說：「讓我來解釋吧：當一道沒有獎品的門打開後，這個資訊就讓機率變成了1/2。身為專業的數學家，我很憂心一般大眾缺乏這項技能。」另一個回應者（和前一位一樣也有博士學位）說：「你搞砸了，嚴重搞砸了！這個國家的人數學程度已經夠差了，我們不需要世界智商最高的人來使更多的人數學變差。你真可恥！」

　　沃斯沙凡特提出進一步說明，以解釋為什麼她是對的。當時比現在對性別歧視嚴重得多，如果這是男性專欄作家的解答，是否會得到同樣激烈的回應，將會很有趣。不過，沃斯沙凡特又收到更多貶抑的信件。來自學術界的回應包括「我想建議你，在嘗試回答這類問題前，可以去買一本標準的機率學課本來參考嗎？」、「到底要多少憤怒的數學家，才能讓你改變你的想法？」、「也許女人看數學問題的方式和男人不同」、「你就是那隻羊！」。還有一個愉快的批評：「你錯了，但是往好處想，如果那些博士全都錯了，這個國家的麻煩就大了。」最後這一則是來自美國陸軍研究所（US Army Research Institute）的艾佛瑞特·哈曼博士（Everett Harman, PhD）寫的信。

　　在1991年2月17日最後的回應中，沃斯沙凡特說道：「欸！如果這個爭議再持續下去，郵局的信件室裡會塞滿信，連郵差都進不去了。我收到好幾千封信，幾乎全都堅持我錯了，包括一封是國防資訊中心的副主任，還有一封是國家衛生研究院的數學統計學家！至於一般大眾的來信中，有92%反對我的答案；大學的來信中，有65%反對。」

　　但是沃斯沙凡特繼續說，數學結果不是由票數來決定的。她重申原本的論點，然後再加了幾個論點。第一個論點是，想像有一百萬道門，而不只有三道門。你選擇其中一道門。剩下的門之中，主持人打開所有的門，只留一道門不開，而所有打開的門裡面都是羊。那你會選擇換到另一道門嗎？另一個研究這個問題的方法是，那輛車有2/3的機會是在參賽者沒選擇的兩道門其中之一的後面。主持人揭曉不該打開的那一道門，他可不是隨便選的。

　　我第一次聽到這個問題時，正在和一群應用數學家一起工作，他們馬上就放下手邊的工作，並開始寫電腦程式來模擬重複這個遊戲。他們示範了，毫無疑問，換另外一道門獲勝的機率是兩倍。但是太多人不懂遊戲的描述方式。這個題目違反常識：只有數學描述才能合理解釋。這就是為什麼賽局理論的數學是有必要的原因。

　　當然，讀者也必須自己想一想。在她第二次刊登的專欄中，沃斯沙凡特提供的表格，我們在探究賽局理論時會一再看到，但是大部分的讀者並不了解這個表格。光是要理解這些表格的意思，就需要費一點功夫，但這是值得的，因為如果不去理解表格所呈現的意思，你就永遠無法

表3.1　在蒙提霍爾問題中，參賽者換門的結果

安排　　　　　　　　　　　　　　　選擇	換門	不換
1.車　2.羊　3.羊 — 主持人打開 2 或 3	輸	贏
1.羊　2.車　3.羊 — 主持人打開 3	贏	輸
1.羊　2.羊　3.車 — 主持人打開 2	贏	輸

理解賽局理論。

　　以下就是賽局理論對「蒙提霍爾」問題的解法（我的版本比沃斯沙凡特的版本濃縮一點），假設參賽者一開始選擇一號門，這就是題目一開始的狀況。如果參賽者選擇換門，選擇的永遠是主持人沒有打開的那道門，否則就絕對是換到後面是羊的那道門（參閱表3.1）。

　　參賽者換門，有三分之二的機會可以獲勝。

○× 零和與雙贏 ×○

　　賽局分為兩大類。在零和賽局（zero-sum game，這個詞出自賽局理論，現已被廣泛使用）中，其中一個玩家若要贏，另一個玩家就必須輸。像井字遊戲就是一種零和賽局。如果我贏了，我的對手就輸了。其他賽局則有雙贏（win-win）的機會，理論上，每個參賽者都可以贏[2]。每次開車時在路上會玩一個簡單的雙贏賽局就是「我要開哪一線道？」不論是左線或是右線道，都是完全可接受的策略，只要每個駕駛選擇同樣的選項，人人都是贏家。

　　比較複雜的例子是，既是零和也是雙贏的賽局。以購買一條麵包為例，從純粹財務的觀點來看，一個人（消費者）會失去金錢，另一個人（麵包師）會得到金錢。然而從更廣的角度來看參與賽局的各方如何受益（使用前面提

---

2 還有第三種類型，就是雙輸遊戲。很難想像為什麼有人會故意玩這種遊戲，但是在真實生活中，因為資訊不完全或是不理性的行為，經常有人在玩這樣的賽局。

到過的效用概念），雙方都有可能會贏：一方嚐到美味的麵包，另一方得到金錢。

　　大部分商業交易都有這樣的性質。這個例子顯示，現實很快就會變得比簡單的賽局所提供的模型更複雜，因為購物這個賽局有可能超越零和的結果。唯有當麵包的價格對雙方來說都合理，才會是雙贏。因此，麵包必須能吃，而金錢不能是偽鈔，才會是雙贏的結果。

○× 大中取小 ×○

　　約翰‧馮紐曼對賽局理論最為人所知的貢獻（除了把這個變成嚴謹的數學領域外），就是大中取小定理。這只適用於零和遊戲的雙人賽局，其中兩位參賽者想要的結果完全相反。馮紐曼用數學證明了，在這樣的賽局中（不同於我們接下來會探討的許多賽局）永遠有一個最佳的策略，而且經濟上來說是理性的。

　　這個定理是指，從最糟的可能情況（最小機會獲益或獎勵）中，取得最大的報酬，因此稱為「大中取小」。通

常最糟的情況是，對手猜中你的策略所產生的結果，因為這樣對手就能利用這個策略，以所有可能的情況來讓你痛苦。如果是這樣，你就可以選擇將結果最大化的策略（至少將痛苦降至最低）。

　　一個基本但仍相當高雅的大中取小的例子，就是分蛋糕問題。解決兩人如何分蛋糕的大中取小的辦法，就是讓其中一人負責切蛋糕，另一人負責分配蛋糕。假設參與者都是理性的，負責切蛋糕的人就會預期最終會發生最糟的情況就是，另一位參與者會選擇較大塊的蛋糕。因此，若要將自己的報酬最大化，負責切蛋糕的人就會將兩片蛋糕切得一樣大。

　　這種有兩種可能策略的雙人賽局，有時候又被稱為「玩具」賽局，因為真實生活中的問題沒有這麼簡單。但是「玩具」這個術語會誤導人。有些玩具能令人省思真實生活的情況，而切蛋糕就是個很好的例子。其他的賽局則能提供真實決定的實用模型，並不會使這個方法變得沒有用。

　　我們可以將切蛋糕的選擇以及這些選擇的結果，製作成一個表格，就像在蒙提霍爾問題中的表格一樣。表3.2

中，參與者1是切蛋糕的人，參與者2是做決定的人。若要包含所有可能的賽局類型，我們就必須在每一個方塊中顯示1號和2號參與者的結果，但是這是一個零和賽局（蛋糕的量是固定的），我們可以顯示1號參與者的結果，剩下的就是2號參與者的結果。

我在給結果取名稱的時候假設，結果是將蛋糕平均切成兩塊，其中一塊標示為「一半略大」，略大於另一塊的「一半略小」，因為切蛋糕的人無法將蛋糕切成完美的兩份。為了看看大中取小的解決之道，我們再加一欄，代表每一列最小的結果，以及多的一列是指每一欄的最大結

表3.2 1號參與者切蛋糕賽局的結果

1號 ＼ 2號	選大的	選小的	（最小列）
平均	一半略小	一半略大	**一半略小**
一片比較大	小塊	大塊	小塊
（最大欄）	**一半略小**	大塊	

果。這個看起來有點複雜，不過一旦熟悉之後，看起來就很容易懂了：

接著就是大中取小的部分了，嚴格來說是小中取大／大中取小。1號參與者應該選擇最小列的最大值，也就是小中取大（maximin），以這個例子來說，就是選「一半略小」。2號參與者應該選擇最大欄的最小值（也就是大中取小，minimax），在這裡也是「一半略小」。這些選擇以粗體表示。

只要別忘了在每一列的最後填入最小值，以及在每一欄的最下面填入最大值，就絕對不會錯。最小值和最大值之所以這樣放的原因在於，表格中的結果是對1號參與者來說最好的結果，如果是對2號參與者來說，那答案就會交換。

如果和這個例子一樣，小中取大和大中取小的結果是一樣的，就稱為鞍點（saddle point），所選擇的列和欄的交會點，代表對雙方最合理的策略。在這個例子中，唯一合理的選擇是1號參與者盡可能將蛋糕切得一樣大，而2號參與者應該選擇兩片中較大的一樣（如果大小差異看得出來的話）。

○× 混合一下 ×○

　　若要了解大中取小在典型的數字結果賽局中如何運作，我們就要看看一個簡單的比對問題。在這個問題中，每一位玩家都有兩個物品，假設是一顆紅球和一顆藍球。他們會各選擇一顆球。如果他們選擇相同顏色的球，1號玩家就贏了，如果他們選擇不同顏色的球，2號玩家就贏了。輸的一方要給贏的一方1英鎊。不同於切蛋糕賽局，兩個玩家的策略很明顯（這在簡單的雙人賽局中很常

表3.3　配色賽局，1號玩家的結果

1號玩家 ＼ 2號玩家	藍球	紅球	（最小列）
藍球	1英鎊	－1英鎊	－1英鎊
紅球	－1英鎊	1英鎊	－1英鎊
（最大欄）	1英鎊	1英鎊	

見）。產生的結果可能看起來會是表3.3。

　　我們似乎遭遇一個問題。沒有選擇使最小列會產生最大值，或是使最大欄產生最小值。這樣要怎麼產生大中取小的策略？但馮紐曼已經用數學證明了，在所有雙人零和賽局中是有可能的。我們必須擴大至「混合策略」的大中取小，以找出這個賽局玩多次的結果會是什麼。如果只玩一次賽局，參賽者就無法發展大中取小的策略，但如果參賽者重複賽局好幾次，就會出現適當的策略。請注意，混合策略並非真正玩很多次（第5章將詳述相關細節）而是利用我們從假設玩多次賽局所能學到的資訊，來策劃在單一次賽局中該怎麼做。

　　在最糟的情況下，如果1號玩家偏好藍色，所以比較常選擇藍色，而2號玩家知道這件事，那他就可以一直選擇紅色，藉此獲利。同樣的，如果1號參賽者偏好紅色，2號玩家就可以一直選擇藍色而獲利。因此對1號玩家來說小中取大的策略就是平均選擇紅色和藍色，結果淨值就會是0，等於沒輸沒贏。這就是最大值最小值，因為選擇單一顏色的最小值是－1。因為賽局是對稱的，所以假設1號玩家選擇小中取大的策略，2號玩家也應該平均選擇紅、

藍色。通常發現混合式策略需要更多的計算，我們稍後會看到。

　　但是別忘了，賽局只會玩一次。這表示混合式策略必須以或然率來運用。玩家不能在一次賽局中選擇混合藍色與紅色（那會是紫色嗎？）。但他們可以說，選擇藍色與紅色各別有50%的勝率，所以最好的方法就是擲硬幣來決定顏色。在別的賽局中，混合式策略可能表示一個選擇可能比另一個選擇嘗試更多次，這樣一來，就算只選擇其中一種，但是或然率還是會加以調整。

　　對一些觀察者來說，大中取小策略的這一點令人感到不安。例如擲硬幣這類的隨機選擇看起來太不科學了。但是利用別的策略可能更糟，因為對手可能發現了那個策略是什麼。只有隨機選擇才能確保賽局得出合理的大中取小結果。

　　請注意，大中取小並非對所有情況來說都是最佳策略——唯有當對手完全自利的情況下，也就是對你最不利的情況下，這才是最佳的選項。在上述的範例中，如果2號玩家選擇藍色，那麼1號玩家的最佳策略就是混合式策略，但是也要一直選擇藍色，因為顏色一樣，所以1號玩

家永遠都會贏。賽局的策略永遠會受到每一位玩家得到對手意圖的資訊所影響。但舉例來說，如果一位玩家傾向選擇藍色，因為這是他最喜歡的顏色，策略就會很理性地建議他忽略這個傾向，並隨機選擇，因為對方可能知道他對顏色的偏好。

○× 樹狀圖 ×○

　　把結果畫成樹狀圖，並將或然率套用至每一部分，可以幫助我們了解混合式策略會有的結果。在上述配色的賽局中，兩位玩家都採取隨機選擇藍色或紅色的混合式策略，那麼樹狀圖就會像圖3.2。

　　計算結果的方式就是，把每一個結果的或然率（顯示在通向最右邊方塊的線段上）乘上每一位玩家的選擇結果，然後相加。所以對1號玩家來說，其輸贏結果是最右邊方塊中的第一個數字，例如從紅（1，－1）的1開始，就會得到（0.25×1）＋（0.25×－1）＋（0.25×－1）＋（0.25×－1）＝0。相同的計算方式會得出2號參者相同的

圖3.2　配色賽局的樹狀圖
（1號、2號玩家的結果在括號中）

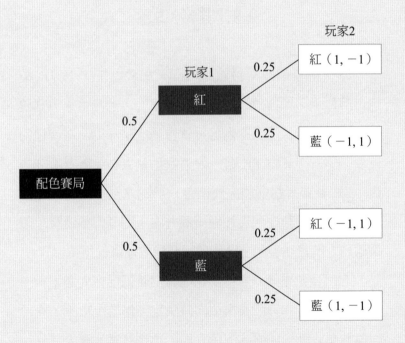

結果。這個結果很小，但是當遊戲更複雜時，結果就會更有趣。

○× 射門得分！×○

分蛋糕是個非常嚴肅的概念，相較之下，上述的配色遊戲似乎不太自然，真實生活中不太可能發生。但是稍微改編一下配色遊戲的內容，就會變成足球射門贏或輸的重要因素——罰球PK戰。如果我們讓1號參賽者當守門員，2號參賽者踢罰球，而藍色是球往左飛、紅色是球往右飛。如果球和守門員往同一個方向，則守門員獲勝，如果球和守門員往不同方向，則踢罰球的球員就獲勝。

守門員如果等到看得出球的方向時就已經太遲了——踢罰球的球員和守門員必須同時決定。傳統上來說，賽局理論的解答就像前面的配色賽局，也是真實比賽大部分的時候會使用的方式——隨機選擇左或右。但是在這個案例中，球員還有第三個選項，而且對球員的好處比一般的策略好得多——把球直接往中間踢。

表3.4 罰球PK戰中，對守門員來說的結果

守門員 ＼ 罰球員	左	右	中	（最小列）
左	1	−1	−1	−1
右	−1	1	−1	−1
中	−1	−1	1	−1
（最大欄）	1	1	1	

　　這是個很好的選擇原因在於，除非守門員完全不往左或右飛撲，否則把球往前直踢到中間永遠都會射門成功，而不是只有一半的機率[3]。然而真正的罰球員幾乎不會選擇

---

3 請記住，這些模型都是實際情況的簡化版本。在真正的罰球PK賽中，踢球的人可能踢不進球門，守門員可能和球往同一個方向飛撲過去，但是沒有接住球而讓球進球門。這個模型的確可以改得更複雜，以處理以上這些情況——這部分就留給讀者去做練習吧。

這麼做。這是心理因素。把球往球門中間踢看起來是個很蠢的選擇,因為守門員就站在這個位置。如果出了差錯,或是不論什麼原因,守門員沒有往左或往右飛撲,那麼罰球的人就會看起來很蠢,因為他把球直接踢進對手的懷裡。結果,罰球員並不常使用這個選擇,但他們應該這麼做的。我們可以再看看表3.4三個選項的結果。

同樣的,這也不是單次賽局的大中取小方案。PK賽局樹狀圖(圖3.3)只有兩個選擇,就和上面的選擇賽局一樣,但是現在這樣更有意思。

如果罰球員和守門員在三個選項中隨機選擇,那麼罰球員踢九次會進六次,因為守門員不在其中兩個位置。隨機選擇的結果,罰球員會得到正的結果(但是有三分之一的機會會出糗)。

當然,如果守門員一定會往左或往右飛撲,則大中取小的策略對罰球員來說並不是最好的,而是應該選擇中間——假設沒有失誤的話,那麼罰球員每次都會進球得分。但最佳策略應該是機動的。罰球員應該一開始每次都往球門中間踢。球每次都進門得分後,守門員就會知道這個策略,然後他就會待在中間。在中間和左右之間嘗試幾次

圖3.3 罰球PK戰樹狀圖
（罰球員與守門員的結果顯示於括號中）

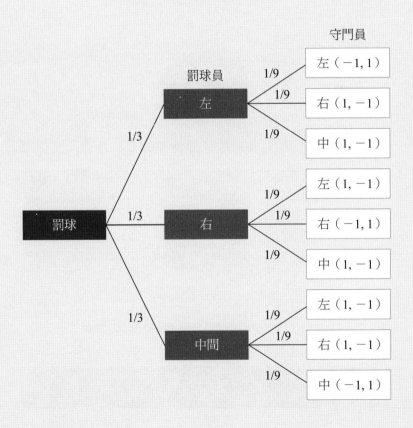

後，最終罰球員就要選擇大中取小的方案，在三個選項中隨機選擇（這是假設罰球員和守門員願意承受把球往中間踢或是留在球門中間，而被觀眾罵的情況下）。

○× 混合局大師 ×○

在真實世界的PK戰中，通常不會太符合邏輯。然而如果情況讓參賽者有時間和心理能力可以考慮策略，就有

表3.5　配色賽局中，1號參賽者不同獎勵的結果

1號玩家 ＼ 2號玩家	藍球	紅球	（最小列）
藍球	－2英鎊	3英鎊	－2英鎊
紅球	1英鎊	－2英鎊	－2英鎊
（最大欄）	1英鎊	3英鎊	

可能得出一個流程，可以為混合策略建立正確的平衡。起始點是確定沒有一個明顯的策略是有鞍點的，正如切蛋糕賽局的情況。假設沒有的情況下，就有可能計算每個參賽者的選擇比例，以產生混合式策略大中取小的結果。

接著我們再來看看配色賽局，但改變一下獎勵方式（表3.5）。

首先，我們一如以往尋找鞍點。1號玩家沒有小中取大的選擇，所以必須採用混合式策略。首先想像一下，兩位玩家選擇50：50的混合式策略——擲硬幣。幾次下來，1號玩的預期結果應該會是（－2＋3＋1－2）/4＝0。當然，2號玩家的結果也一樣，因為這是零和賽局。

計算最佳混合式策略的機制相對來說很簡單，但感覺起來有點奇怪。如果你不想計算，可以直接跳到「防線」那一段。（如果你決定跳過這一段，計算的結果就是，如果兩個玩家都理性地參賽，則1號玩家最好的情況下是輸0.125英鎊。）

我們就先來看看這個機制的運作，然後再感受一下為什麼有用。我們將每一個玩家的相關列或欄中第一個值減

掉第二個值，然後以減掉後的絕對值⁴為另一個策略的比例。這聽起來比較複雜，但實際沒那麼複雜：看看特定的例子就會比較清楚。

　　將1號玩家的藍色策略列中的第一個數字減掉第二個數字，就是（－2）－3＝－5。紅色策略列也一樣：1－（－2）＝3。藍色策略與紅色策略的比例，就是紅色總數和藍色總數的比例（或者應該說是絕對值就是5，而不是－5）。所以，1號玩家每選擇三次藍色策略，就應該選擇五次紅色策略。

　　同時，將2號玩家藍色策略欄的第一個值減掉第二個值：（－2）－1＝－3，絕對值為3（使用絕對值就能解決在兩種情況下，1號玩家的結果所面臨的問題）。紅色策略欄就是3－（－2）＝5。因此，2號玩家每選擇三次紅色策略，就應該選擇五次藍色策略。

　　大中取小定理指出，如果有一位玩家選擇最佳策略，

---

4 絕對值就是不帶任何符號的數字──所以正3和負3的絕對值都是3。

就至少能得到「賽局值」所產生的值，那就是如果兩位玩家都選擇最佳策略的值，但是如果有一方沒有選擇最佳策略，那另一方的結果就會更好。這個機制之所以有用是因為，這個機制計算的是，在玩家對兩個選擇沒有偏好，因此會願意根據或然率選擇的情況下所得到的值。

在這個賽局中，1號玩家的賽局值是以下面這個公式計算出來的。

$$（P_{1B} \times P_{2B} \times O_{BB}）+（P_{1R} \times P_{2B} \times O_{RB}）$$
$$+（P_{1B} \times P_{2R} \times O_{BR}）+（P_{1R} \times P_{2R} \times O_{RR}）$$

其中P_{XY}是指玩家X選擇Y策略。當1號玩家選擇X策略，而2號參賽者選擇Y策略，則O_{XY}就是（對1號玩家來說的）結果。

$$（3/8 \times 5/8 \times -2）+（5/8 \times 5/8 \times 1）+$$
$$（3/8 \times 3/8 \times 3）+（5/8 \times 3/8 \times -2）= -0.125$$

這表示賽局偏向對1號參賽者不利。只要2號參賽者

選擇他的最佳策略，那麼1號參賽者不論選擇什麼策略，
每一局都會輸0.125英鎊。舉例來說，如果1號參賽者選擇
紅藍各半的混合策略，但是2號參賽者卻維持大中取小策
略，則1號參賽者的結果就會是：

$$（1/2 \times 5/8 \times -2）+（1/2 \times 5/8 \times 1）+$$
$$（1/2 \times 3/8 \times 3）+（1/2 \times 3/8 \times -2）= -0.125$$

　　如果1號參賽者選擇他的最佳策略，最多只會輸0.125
英鎊。但是別忘了，這樣的結果不如兩位參賽者都隨機
選擇。如果1號參賽者知道2號參賽者會隨機選擇，那麼
1號參賽者最好也是隨機選擇。同樣的，如果2號參賽者
很笨，總是只選擇紅色，那麼1號參賽者就只要都選擇藍
色，就可以一直贏下去。

○× **防線** ×○

　　上面的例子看似很異想天開，因為只有一組結果值，所以很難想像真實世界的情況。但是讓選擇更接近現實，可以讓賽局理論的用處更明顯。

　　我們來想像一個情境，假設一個咖啡連鎖店想進駐某個城市。當地的咖啡公司已經在唯一值得開咖啡館的兩個地點有店面了。所以當地咖啡公司的顧問必須決定，現有店面的店主應該留住這兩個地點，還是要把這兩個店面賣給連鎖店。

表3.6 咖啡館賽局的結果，當地咖啡館店主的相對收入

當地公司 ＼ 連鎖店	大店面	小店面	（最小列）
大店面	4	3	3
小店面	1	4	1
（最大欄）	4	4	

　　目前的店主可以賄賂顧問，以留住店面——但他只能留住一間。同樣的，只要店主不堅持留下店面，連鎖店可以強迫買下其中一間店面。其中一間店面比另一間大，價值也高出三倍。表3.6就是這個賽局的數字。

　　因為沒有鞍點，所以咖啡店的店主要採取混合式策略。計算過數字後，我們發現賽局值是3.25，店長有四分之三的機會可以保住大的店面，而連鎖店公司有四分之三的機會買下小的店面。

　　雖然大型連鎖公司收購小店面看似反直覺，但是只要仔細研究策略，地區性的公司比較有可能想要保住最值錢的資產，所以如果想要贏，大型連鎖公司應該提出收購小店面的要求。他們應該每四次就有一次提出大店面，以避免被對方看穿。一如以往，如果其中一位參賽者總是選擇相同的策略，那麼這就會變成公開的資訊，那麼要對抗這個策略就會比較簡單。

○×漢堡或冰淇淋？×○

賽局理論可以應用在真實企業中的另一個例子，就是條件決定銷售量。假設有一輛行動餐車販售漢堡和冰淇淋。不意外的，天氣較冷的時候，漢堡賣得比冰淇淋好，天氣較熱的時候，冰淇淋的銷量比較大。只不過，因為餐車的冰箱比較弱，所以任何當天沒有賣掉的食材都必須淘汰。因為餐車老闆已經營了幾年，所以他大概知道可能賣多少東西。天氣熱的時候，他可以賣200支冰淇淋和50個漢堡。天氣冷的時候，他可以賣20支冰淇淋和150個漢

表3.7　餐車老闆的獲利／虧損取決於庫存採購與天氣

實際情況 預期天氣	熱	冷	（最小列）
熱	350英鎊	−30英鎊	−30英鎊
冷	−120英鎊	470英鎊	−120英鎊
（最大欄）	350英鎊	470英鎊	

堡。漢堡的成本是2英鎊、售價5英鎊；冰淇淋成本0.5英鎊、售價1.5英鎊。

有了這個資訊，他就可以按照預期的花費和收益，根據獲利（或虧損）規劃一個賽局計畫。如表3.7所示，當他買進天氣熱時要銷售的庫存，卻要在天氣冷的時候賣出時就會有問題，反之亦然。

因為沒有鞍點，所以餐車老闆需要混合式策略。計算數字後，他得出的比例是熱天食材和冷天食材的比例是59比38，大約是3：2。他有兩個選擇——他可以隨機選擇天氣冷或熱時要賣的食材，例如五次中有三次要選擇熱，或是3/5的食材是熱天供應的食物，2/5是冷天供應的食物。結果應該是穩定的獲利，略低於166英鎊（賽局值）。

當然，實際上餐車老闆可以查看氣象預報，所以他的獲利可以更好。如此一來，賽局就要基於氣象預報完全準確或完全錯誤的頻率，考慮是否調整採購的習慣。但是相同的大原則就是這樣。

○× 這是真的嗎？×○

　　雖然計算混合策略的值在數學上是行得通的，但是這也凸顯出現實和賽局之間的距離，因為人們在做決定時不會根據這種複雜的計算來做選擇。這似乎暗示賽局理論無法充分符合實際的情況。

　　這個論點錯誤的原因有兩個。第一，賽局理論並沒有宣稱能建構人類行為的模型，而是決策過程的模型，以幫助我們更了解有哪些選擇，讓決策者更可能做出好的決定。

　　第二個原因則是要回想模型的本質。科學總是在使用模型，因為模型能給我們實用的觀點，但是模型通常也極度簡化。有一個有關科學的老笑話可以說明這一點。一位營養學家、基因學家和物理學家，都要判斷如何贏得賽馬。營養學家描述了在賽馬前的幾週應該給馬匹的某種飲食類型。基因學家告訴養馬者該如何選擇某些能力進行配種──甚至是如何使用基因編輯技術CRISPR來配種出能獲勝的馬匹。而物理學家則是搔著頭說：「我們假設馬是個球體……」。

　　這個笑話的重點在於，物理學家傾向簡化實際狀況，以套用數學模型；但是實際上，這三個人全都把事情簡化了，部分原因在於他們都運用「工具法則」（law of the instrument），也就是傾向視可用的工具來決定解決的辦法。「工具法則」這個名詞是美國哲學家亞伯拉罕·卡普蘭（Abraham Kaplan）於1962年首先提出，後來經常被關聯到美國心理學家亞伯拉罕·馬斯洛（Abraham Maslow）在1966年寫的一句話：「如果你唯一可用的工具就是鐵槌，那麼你的確會很想把所有東西都當成釘子來敲。」當然，這個概念的出現其實還要更早——例如在英國，鐵槌被稱為是「柏明翰螺絲起子」（Birmingham screwdriver）的玩笑話已經超過一個世紀了[5]。

　　當營養學家、基因學家和物理學家規劃必勝賽馬的策略時，他們每個人使用的是自己所屬領域發展出來的簡化

---

5 「柏明翰螺絲起子」在不同地方也有不同的說法。例如我的出生地蘭開夏的羅曲戴爾鎮，鐵槌就被稱為「海伍德螺絲起子」（Heywood screwdriver），以嘲笑鄰近的海伍德鎮。

模型。實際上賽馬的品質會同時受到這三種因素，以及更多其他因素的影響。雖然賽局理論的解決之道通常和這些科學模型一樣有侷限，但並不表示沒有價值。

　　雖然有些例子中，我們已經知道牌桌上的值了，但通常值是不確定的。以前面餐車的例子來說，雖然餐車老闆知道採購成本，但他不知道實際的銷售量會是多少。銷售數字是預估的。每次有人編訂預算或是預測未來，數字都是預估的，而且幾乎絕對是錯的──但我們還是要做決定，而使用最佳的預估還是比完全不預估要來得好。

○× 機率為何？ ×○

我們已經在配色賽局中看到，因為只玩一次，沒有適當的大中取小策略，所以最好使用混合式策略。在那個賽局中，每一次玩的結果都一樣——但真實生活幾乎不會這麼一致。這就可能導致難解的賽局計分（如表3.8）。

乍看之下，這個賽局看似完全沒有意義，因為不論你怎麼做，都沒有人能贏得任何東西，倒不如去看電視。但是在這些零的背後，隱藏著更有意思的或然率結果。

例如，想像一個遊戲中，每個玩家都輪流擲一個骰子，結果如表3.9。

表3.8 不同機率時，賽局的預期結果

2號玩家 1號玩家	藍	紅
藍	0英鎊	0英鎊
紅	0英鎊	0英鎊

　　正數表示擲骰者贏，對方輸，而負數則表示擲骰者要付給對方的錢。每一個可能的結果有六分之一的機率，所以重複賽局的預期獲利，就是所有結果的總和除以六。在這個例子中，我們將結果設定為加總的和等於零。所以長期下來，預期的結果就是兩個玩家不分軒輊。

　　在賽局中納入或然率，使得賽局比輸贏的平均結果更有意思。玩家最多可以贏10英鎊，或是最多輸8英鎊（對另一人來說結果則是相反）。然而，以賽局理論的話來說，這個賽局還是沒什麼意思，因為只有一個方法——擲骰子，然後不是贏就是輸。不需要做決策，所以也沒有什麼策略可言。

　　不過，把這個機制變成一種不只一個選項的賽局（在這個例子中就是「紅」和「藍」），並不需要花費太多力氣，所以我們可以把結果製成表3.10。請注意，這裡不需要最小列和最大欄，因為很明顯沒有鞍點。

　　不論選擇哪一個策略，表格仍顯示最後的結果還是雙方都只賺到0英鎊，但是現在則是多了效用。對輸錢比較不敏感的玩家，可能會選擇藍色策略，而比較保守的玩家可能傾向選擇紅色策略。

表3.9 1號玩家每一次擲骰子的結果

次數	結果
1	5英鎊
2	－3英鎊
3	10英鎊
4	－8英鎊
5	2英鎊
6	－6英鎊

表3.10 1號玩家在不同策略下，每一次擲出骰子的結果

紅策略		藍策略	
次數	結果	次數	結果
1	5英鎊	1	－10英鎊
2	－3英鎊	2	8英鎊
3	10英鎊	3	－5英鎊
4	－8英鎊	4	12英鎊
5	2英鎊	5	－7英鎊
4	－6英鎊	6	2英鎊

○× 討價還價的夢魘 ×○

　　或然率賽局更接近真實生活的經驗，因為我們很難在開始互動前就找到一個明確的數字。有一個明顯的例子顯示，運用賽局理論來協助決策會對很多人有幫助，那就是購物的時候。我們比較喜歡有定價的東西，但其實所有的價格都是可以討價還價的。商品和服務的價值就是消費者願意支付的價格。但是文化上來說，西方人都不了解討價還價的重要性。

　　雖然所有的交易都可能有殺價的空間，但是在三個情況下，殺價的情況就相對常見：私人銷售、限時合約快結束了、自由接案合約談判。有足夠的證據顯示，即使是超市也可以接受殺價，但是困難度會高很多，因為消費者必須繞過賣場的員工直接找上經理，也因為要規避一般的銷售程序，所以超市只有可能接受消費者對高價值產品討價還價。

　　在這些交易中採取數值賽局理論方法的問題在於，我們一開始都不知道對方的策略是什麼。所以，舉例來說，如果你販售某樣東西或是向客戶提出自由接案的提議時，

你不太可能知道潛在的買方對你的開價會有什麼反應。所以你可以調查任何現有的價格，多虧了網路，要針對私下銷售的產品進行價格調查相對來說比較容易，例如房價，有很多網站提供條件類似的房價。線上市集也能讓你大致了解，其他賣家的開價是多少。自由接案的情況則比較不明顯，這時同業公會就會有幫助，公會可以提供自由接案者聯絡同業的機制，或是提供相關的指南。舉例來說，作家協會可以告知演講所應收取的最低費用。

我們稍後會看到，揭示價格資訊最受歡迎的賽局理論工具，通常就是拍賣。像eBay之類的網站讓人利用拍賣的方式銷售產品，並且可以了解買家認為產品的價格應該是多少。如果有多個產品可選擇，那麼最好的方法應該是利用一個或多個拍賣，設定一個價格區間，然後直接銷售而且定價比拍賣的價格高於三到五成，慢慢把價格降低，並且準備好面對買家殺價。像eBay這樣的網站現在提供相當不錯的工具可以讓賣家這麼做。

舉例來說，我最近賣了兩本在eBay上有很多人想買的珍本書。第一本是以拍賣的方式出售，售價100英鎊。這次拍賣讓我大致了解買家願意出價的範圍（而且根據追

蹤拍賣的人數來看，也可以知道潛在買家群的資訊）。第二本書原本開價是140英鎊，然後降低130英鎊。有個買家出價120英鎊，我的還價是125英鎊，然後就被接受了。

同樣的方法幾乎也可以應用在合約續約以及大量購票的情況。假設買房子或車子前，或是保險或寬頻合約續約時，消費者通常都按照定價支付，但是永遠都有可能談個更好的價格。這種殺價賽局有一個（複雜的）數學方法（參閱第6章），但是因為缺乏資訊，所以這並非實用的工具。

儘管如此，對於知道自己的策略以及盡可能知道對手的策略，賽局理論的原則仍然是有效的。所以，舉例來說，寬頻供應商和合約續約時的策略是提高費率，但是萬一消費者威脅要換供應商時，供應商也要做好降價的準備，因為爭取新的客戶比留住現有客戶還要困難。知道這一點的消費者，就一定要威脅換供應商，而不是接受新的合約價格。

○× **抽數字** ×○

　　每個星期都有數百萬人參與一個很不常見的單邊賽局理論決策，而這個決策就是或然率數學理論之始：賭博。樂透就是個極佳的例子，因為買樂透的人比任何傳統博奕的人數還要多。正如表3.7所示，看來樂透彩券固定的支付金額，代表沒有什麼可用的策略。賭客乾脆隨機選數字就好。然而實務上，根據一定金額的賭金，樂透賭客通常有好幾種策略選擇，而賽局理論會有幫助。我們來看看兩個選擇：該選哪幾個數字，以及該把賭金押在兩個樂透賽局中的哪一個。

　　或然率其中一個令人困惑的特質，可能導致玩家運用不當的策略選擇數字。長期下來，因為每一個數字被選中的機率都一樣，所以我們預期每一個可能的數字大約被抽中的次數是一樣的。然而，多開獎幾次後，如果每個數字被抽中的次數完全一樣，那就非常令人驚訝了——這反映在統計數據中。

　　在本書寫作時，英國樂透公司從59顆球中抽出6顆。如果觀察前一年的結果就會發現，52、49和28都被抽中

17次，是最常被抽中的數字。長期下來，每一顆球被抽中的機率都應該是1.69%，但這三顆球出現的機率是2.7%。

有三個數字最不常被抽中（30、43和58），只被抽中六次，還有一個異常值41，只被抽中過四次。前三個數字的抽中率是1%，41的抽中率是0.6%。這些基於謬誤的數字可以產生兩種導向，其中一個也許可以提供有用的策略。

最極端的誤導策略就是認為有些球比較「幸運」，所以比其他球更容易被抽中。這樣一來，選數字的策略就是選擇最常被抽中的球：52、49、28，接著是第二常被抽中的球：1、33和50。這個策略只不過是魔術而已。顯然較合邏輯的方法是選擇沒那麼常出現的球，因為長期下來，每顆球被抽中的機會都差不多，這很合理。這個方法表示我們要選擇的數字是：41、58、43、30、25和40。（最後兩個數字可以是25、40、14和12的任兩個組合，因為這幾個數字都只被抽過7次。）

雖然第二個策略感覺起來比較合理，但其實也是根據一個謬誤。若要知道原因，我們暫時把或然率簡化成人頭和字的機率各半的公平拋硬幣遊戲。假設我們連續拋出四

次人頭，第五次應該選擇人頭或是字？正確答案是，人頭或字的機率都是一半。硬幣沒有記憶，就連續拋出四個人頭，對第五次的結果也完全不會有影響。除非連續拋出四次人頭（約十六分之一的機率）是因為硬幣有問題，否則對結果完全不會有影響。

就算我們了解硬幣沒有記憶，但感覺還是很反直覺。我們可能會相信，在拋了幾千次硬幣後，人頭和字的次數應該會是一樣的。只有在後來出現更多次的字才能「修正」最初的偏誤。但其實不是這樣的。在拋了數千次硬幣後，人頭和字出現的次數有很大的差異，也是完全有可能的。人頭和字出現的平均機率會傾向是 0.5，但是兩者的差異也有可能會持續擴大。並沒有什麼自然的力量試圖修改同一次投擲的結果。（而且要記住的是，不論是人頭或是字，連續拋出四次相同面的機率都是十六分之一，如果你拋硬幣數千次，就會出現好幾次這種情況。）

再回到樂透的例子，同樣的情況也適用。樂透開獎機沒有記憶，不會記得之前被抽過的號碼。每一次抽獎都是重新開始，而且不會受到之前的影響。這些統計數字都對於預測下一次抽獎並沒有意義。

　　那麼從這個資訊中可以得到什麼可能有用的策略？很多樂透頭獎是由多個贏家均分。雖然二獎以下的金額通常是固定的，但這表示如果有兩人中頭獎，每一個人得到的金額只有單人中獎贏得金額的一半。由於至少有些買樂透的人會追蹤經常出現的彩球數字，所以從這個規則所得到的有用策略就是避開其他人比較可能會選的數字。試著利用經常或是不常被抽中的數字，比起隨機挑選，玩家更可能選到其他人也選中的數字。那麼此時的策略就應該是避開經常被抽中或是不常被抽中的數字。

　　但是實際上，忽略數字被抽中頻率的彩券買方，並非隨機選擇所有的數字，因此就有第二個機會可以調整策略，以降低贏了頭獎還要和別人平分彩金的機會。（在此要強調的是，贏得頭獎的機率仍非常低。贏得英國樂透頭獎的機率是4500萬分之一。）也許最常被使用的選數字方式就是用房子的門牌號碼，或是重要的日期。

　　如果一條路的門牌號碼比樂透的數字少，較小的數字就比較有可能被選中。這顯示在其他條件相同的情況下，選擇較大的數字並沒有什麼不好。如果一條路的門牌號碼超過樂透的數字，就很難說住在101號或199號的人會怎

麼做。

　　影響比較大的是重要日子。很多人喜歡用孩子的生日來選號。如果用日期來選號，32以上就不會被選中，如果用月份來選號，13以上就不會被選中。這顯示的是，選擇32以上的數字比較可能不用和別人分彩金。年齡則是會隨著時間改變。而大部分的人年紀都在0到80歲。本書撰寫於2021年，這表示大部分的人出生年份會在1941到2021年之間，所以相對較少人會根據年份選擇22到40之間的數字——然而，樂透的彩球號碼通常不會超過60，所以使用年份選號的情況比日期或月份來得少。

　　最後一個可以考慮的是連續數字。雖然有些人喜歡1、2、3、4、5、6這樣的連續模式，而且這樣選擇的人比你想的還要多，但許多人出現5、17、23、25、39、52的機率還比較大。事實上，這兩種的機率是完全一樣的，所以至少選擇幾個連續的數字，可能也可以避免和別人分享彩金。

　　在此必須強調一點，如果每一個中頭獎的人領到的金額是固定的，那麼上面的指南就一點用也沒有。在這種情況下，選擇哪些數字並不重要，但選擇的玩法卻能給彩券

表3.11 「雷鳴球」樂透的支付額與機率

機率	彩金	期望值
1/8,060,598	500,000英鎊	0.062030137英鎊
1/620,046	5,000英鎊	0.008063918英鎊
1/47,416	250英鎊	0.005272482英鎊
1/3,648	100英鎊	0.027412281英鎊
1/1,437	20英鎊	0.013917884英鎊
1/111	10英鎊	0.09009009英鎊
1/135	10英鎊	0.074074074英鎊
1/35	5英鎊	0.142857143英鎊
1/29	3英鎊	0.103448276英鎊
總值		0.527166285英鎊

表3.12 「終身領取」樂透的支付額與機率

機率	彩金	期望值
1/15,339,390	3,600,000英鎊	0.23468991英鎊
1/1,704,377	120,000英鎊	0.07040696英鎊
1/73,045	250英鎊	0.00342255英鎊
1/8,116	50英鎊	0.00616067英鎊
1/1,782	30英鎊	0.01683502英鎊
1/198	20英鎊	0.1010101英鎊
1/134	10英鎊	0.07462687英鎊
1/15	5英鎊	0.33333333英鎊
總值		0.8404854英鎊

買方策略選擇。舉例來說，目前在英國有兩種樂透玩法的賭注金額類似，而且是固定頭獎彩金（除了不太可能發生的情況下），分別是「雷鳴球」（Thunderball）和「終身領取」（Set for Life），它們各自有不同的獎項與獎金組合，所以很難做出明智的選擇——但是透過比較不同策略的結果，就有可能做出最好的決定。

　　表3.11和表3.12是這兩種玩法的支付表格，這是以期望值概念所製作的表格[6]。我們之前就看過了，這是將彩金乘以贏得彩金的機率。期望值告訴我們該如何比較長期的遊戲情形。但是我們也要記住，必須考慮贏和輸的金額對我們的重要性，也就是效用。舉例來說，有十分之一機率贏得100萬彩金的樂透，期望值是10萬英鎊，所以如果對你來說這是筆小錢，就算會花掉9萬9千英鎊，你也應該下注。平均而言，你的獲利會是1,000英鎊乘以你下注的次數。但是對大部分的人來說，就算只輸掉一次9萬9

---

6 編按：「雷鳴球」的六獎和七獎彩金都是10英鎊，中獎條件分別是「選中3個中獎號碼」和「選中2個中獎號碼＋1個雷鳴球」。

表3.13　兩種玩法在特定風險程度內的預期報酬

機率	雷鳴球 預期報酬	終身領取 預期報酬
機率優於1/100,000	1.37英鎊	1.07英鎊
機率優於1/10,000	1.36英鎊	1.06英鎊
機率優於1/1,000	1.23英鎊	1.01英鎊
機率優於1/100	0.74英鎊	0.67英鎊
機率優於1/30	0.31英鎊	0.67英鎊

千英鎊，我們也無法承受。

　　這裡的「機率」是指贏得彩金的機率，所以1/35表示你玩「雷鳴球」樂透贏得5英鎊彩金的機率相當於2.9%（1/35＝0.029）。雖然「終身領取」的總值比較高，但「雷鳴球」的賭金是1英鎊，而「終身領取」的賭金是1.5英鎊，所以最適當的對照，是將下注「雷鳴球」三次，和下注「終身領取」兩次作個比較。

　　光是平均值來看，下注「雷鳴球」三次的預期報酬是

1.58英鎊，而下注「終身領取」的預期報酬是1.68——結果很接近，雖然「終身領取」的彩金略高一點。但是如果仔細看期望值的細節，就能給我們的策略選擇提供更詳細的資訊。

如果不看機率較低的預期報酬——例如低於1/100,000的機率——我們可以根據我們對風險的態度，看出來哪個策略是最好的策略。在表3.13中，我們觀察投資3英鎊的預期報酬，並且忽略機率較低的支付額。

我們之前看過，如果你很樂意冒較大的風險，只看總期望值，那麼下注「終身領取」的策略比較好一點。但如果你冒險的程度只有中度，你的風險價值比只限於表3.13，那麼選「雷鳴球」是比較好的策略。最後，如果你想將風險降到最低，因為「終身領取」贏得最低獎金的機率較佳，所以這個策略遠優於其他策略。對許多買彩券的人來說，他們面對混合風險結果，最佳的選擇就是混合這兩種玩法。

這就是個很好的例子，顯示賽局理論很少會告訴你到底應該怎麼做，但是有助於你檢視不同的策略及其影響。

○× 最知名的賽局 ×○

　　賽局理論中最知名的「賽局」例子可以說就是囚犯的兩難困境了，這個賽局最有名，不只是因為這延伸了我們的道德選項，也因為有一些人（包括鷹派的約翰・馮紐曼）在冷戰時期，利用這個賽局來支持以核武攻擊先發制人。這個賽局是在1950年，在蘭德公司（RAND Corporation）工作的梅洛・佛洛德（Merrill Flood）和梅爾文・德雷瑟（Melvin Dresher）所設計出來的。

　　對於將賽局理論所包含的這個策略思考在美國推進發展，蘭德公司扮演著重要的角色。這間公司是在1945年由道格拉斯飛機公司（Douglas Aircraft Company）的專案成立的，為美國空軍進行研究與開發（R and D，組成蘭德的英文名稱RAND）。除了較小規模的決策，這間公司還為洲際核戰的可能性與結果進行策略分析。蘭德公司於1948年分拆成非營利組織，並繼續提供各種策略性的研究。這間機構聘請馮紐曼擔任顧問許多年。

　　囚犯困境原本的版本涉及一筆不大的金額，但是在另一個版本中，兩位囚犯面臨牢獄刑期，所以才會衍生出「

表3.14　囚犯的兩難困境結果

（1號囚犯結果在左下角，2號囚犯結果在右上角）

1號囚犯 ＼ 2號囚犯	提供證據	不提供證據
提供證據	7 ／ 7	10 ／ 0
不提供證據	0 ／ 10	1 ／ 1

表3.15　囚犯困境的正面結果，參賽者的財務獲利

1號玩家 ＼ 2號玩家	給對方	自己拿
給對方	5 ／ 5	6 ／ 0
自己拿	0 ／ 6	1 ／ 1

囚犯」這個名稱，而且也因此有了更明顯、重大的道德影響。在這個賽局中，每一位囚犯都有機會提供證據指控另一人。如果兩人都提供證據，那麼兩人都要坐牢很久。如果只有一人指證對方，那麼提供證據的人可以無罪釋放，另一人的刑期則會更久。如果兩人都不指證對方，那麼兩人的刑期都會比較短。

　　舉例來說，如果兩人都指證對方的刑期是七年，兩人都不指證對方的刑期是一年，而只有一人指證對方的刑期是十年，那麼將結果製成表格就會像是表3.14。

　　請注意，馮紐曼的大中取小定理並不適用於此，因為這不是零和賽局。一個人坐牢的時間並非另一人被監禁的時間的相反。表格中，為顯示兩位囚犯不平衡的結果，1號囚犯的結果寫在格子的左下角，2號囚犯的結果寫在右上角。

　　這個案例的最佳結果並非立即清楚可見。如果我們看對雙方都有利的選項——兩人的最低刑期——很明顯，兩人都應該拒絕提供證據，這樣他們就只會各坐一年牢。但如果其中一位囚犯知道另一人絕對不會提供證據，他就能提供不利對方的證據並且得到對自己最有利的結果——完

全不必坐牢（但是必須背負另一人因此坐牢更久的良心譴責）。如果兩人都提供不利對方的證據，那麼兩人的刑期相加就是最糟的結果，共計十四年。

這個困境令人困惑的地方在於，不論我們只看其中哪一位囚犯，似乎對他來說只有一個合理的選擇。以1號囚犯為例，如果另一方提供不利他的證據，那麼1號囚犯最好也提供不利對方的證據（那麼他會坐牢七年，而不是十年）。如果2號囚犯不提供證據，對1號囚犯來說還是提供證據最好，因為這樣的話他就能立即被釋放，而不必坐牢一年。不論2號囚犯怎麼做，1號囚犯最好提供證據指證對方。

這個賽局是對稱的，也就是說同樣的邏輯完全適用於2號囚犯的選擇。不論1號囚犯怎麼做，2號囚犯最好提供證據。但是就算這很明顯，合理的結果是，兩人都應該指證對方。但如果兩人可以合作，兩人都不提出不利對方的證據，就能達到整體而言最佳的結果。

這一點很值得強調，因為這正是囚犯困境如此難解的原因。不論另一個囚犯怎麼做，提供證據是最好的選擇。雖然明顯最合理的選擇是兩人都指證對方，但如果他們能

合作，兩人都不要指證對方，那麼結果會好得多。

　　關鍵在於「但如果他們能合作」。我們把賽局轉個方向，來看看正面的結果而不是負面的結果，這樣就使得合作的好處變得更明顯。我們來想像一個賽局，最高獎金是10英鎊。每一個參賽者可以讓另一位參賽者得到5英鎊的獎金，或是自己得到1英鎊。（表3.15）

　　同樣的，以個人獲利來說，你自己拿永遠是最好的結果。如果對方拿，你會拿到1英鎊而不是0英鎊。如果對方給你，你可以得到6英鎊而非5英鎊。但是整體看來很明顯，雙方都給對方的結果，是每人都得到5英鎊，這樣比起每人都拿1英鎊要好太多了。請注意，如果將支付方式稍微修改一下，那麼合作對兩人來說都是理性的選擇。現在將各別贏得獎金，改為兩人平分總獎金。如果是這樣，兩人都會給對方，則每人獲得5英鎊；一個人給、一個人拿，則每人能拿到3英鎊；若兩人都拿，則每人可得1英鎊。那麼很明顯，合作是最好的策略。

○× 邁向「瘋狂」×○

囚犯困境並非根據真實情況所設計出來的，而是在蘭德公司設計出來的，而且蘭德公司的重心在於開發使用核武的策略。所以不意外的，囚犯困境被認為是核軍備策略兩階段的潛在模型。

第一個考量點是支持核恫嚇的概念。暫且不論取得核武的困難度，各國可以選擇擁核或不擁核。我們來想像一下，假設美國和蘇聯（當年的兩大超級強權）針對氫彈的開發進行對峙，理想的合作結果是，誰也不發展氫彈，大家都不會陷入核毀滅這個極端的結果。

但是從任何一方的觀點來看，不論另一方做什麼，己方最好還是發展氫彈。如果雙方最後都製造了氫彈，就表示他們都有恫嚇對方的武器；如果只有一方製造氫彈，就占了上風。結果，雙方無可避免地都製造了氫彈，因而面對同樣的均衡選擇。這個政策後來就變成了知名的「相互保證毀滅」（mutually assured destruction，簡寫變成了「瘋狂」，MAD）。

第二點則更進一步。同樣的論點也可以用來解釋，朝

對手投擲核武以便先發制人。如果雙方都攻擊，那麼至少會產生的結果是，懲罰了對手對自己造成的破壞。如果只有一方出擊，攻擊方就消滅了敵人。幸好，沒有人實現這個賽局合理的結論。合作這個選項贏了，但不是因為純粹賽局理論的合理性思考，而是為了全人類共同的福祉，正如基本囚犯困境賽局的合作選項，結果是兩位囚犯不指證對方，好處明顯優於兩人都指證對方。

這裡有一個奇怪的地方，把核對峙視為囚犯困境，表示不把這個情況當成零和賽局。但是雙方參與決策的人之中，態度比較鷹派的人可能會認為這是個零和賽局。如果核戰是零和賽局，假設蘇聯被摧毀，對美國來說這就是純粹的好處。囚犯困境之所以這麼有意思，其中一個原因是，囚犯困境可以接受沒有那麼兩極化的觀點，但又能得出一種明顯排除人性的理性假設。

若要更了解囚犯困境，我們就必須介紹賽局理論開發者中第二位關鍵人物，約翰・納許（John Nash）。

達到均衡
REACHING EQUILIBRIUM

4

○× 約翰・納許 ×○

　　因為一部改編自真實故事的好萊塢電影《美麗境界》
（*A Beautiful Mind*），約翰・納許成了許多人熟悉的名
字。納許在1928年出生於西維吉尼亞州布魯菲爾市。他的
父親老約翰・福爾布斯・納許是電子工程師，大半輩子都
為阿帕拉契電力公司工作，雖然納許的母親瑪格麗特・維
吉妮雅・馬汀在婚前都擔任教師，但婚後她就不能再繼續
工作（1920年代經常是如此）。

　　納許是個內向的孩子，他比較喜歡獨自待在室內。
也許因為缺乏社交技巧，他一開始被學校認定學業能力較
差（包括數學能力）。他後來在高等研究院的同事愛因斯
坦，童年時也被認為學業能力太差，納許似乎比較喜歡看
書學習，而不喜歡學校。但不同於愛因斯坦的是，他也很
喜歡做電學和化學實驗。

　　後來很明顯看得出來，納許的數學成績不好並不是他
的錯，而是老師的問題。學校課程遵循固定的方法來解數
學題，任何其他方式都會被認為是不正確。納許發現他可
以跳過學校教的通常很繁瑣的機制，他自己會創造出更簡

捷優雅的解法，但是學校的老師沒有能力理解他的方法。

我們不需要有和納許一樣的數學能力，就能理解他的數學解法。2015年美國有一名學童在考試時被扣分，在社交媒體造成一場爭議。學生要用加法解出5×3。這名學童的解法是$5+5+5$，而不是$3+3+3+3+3$，然後老師就說這是錯的。根據老師的說法，這是因為5×3應該是「有五個三」才對。

然而這個邏輯有一個問題——這完全是根據這名教師不太成熟的英語語法。因為5×3也可以理解為「五被三乘」。這表示$5+5+5$，因為這個乘法要將五自己相加三次。最後，乘法是可以「互換的」，也就是$5 \times 3 = 3 \times 5$。這兩種方式都完全正確。而納許的情況更加戲劇性，他解數學題的方式完全不同於老師的想法，所以老師都會扣他的分數。

第二次世界大戰結束後，納許前往賓州匹茲堡就讀卡內基科技學院。因為父親的壓力，他申請化學工程系，但他很快就把時間完全用在數學上。這裡的教師完全理解數學，因而納許原本的想法和數學能力才開始展現出來。他的學術成績開始變好，但仍不擅於社交，他很難和同儕交

流。他後來離開匹茲堡前往普林斯頓大學，那裡有非常傑出的數學系，部分原因是這所學校和歐洲有密切的關聯。

普林斯頓一直以來都是以結果為導向，納許在這樣的環境中表現傑出，他的才智驚人，而且爭強好勝絕不讓步。到了此時，他很少去聽課，看的書也不多——他把很多時間花在思考如何解開數學題。在這所學術的殿堂裡，他不再離群索群，他總是很有興趣和人討論數學問題，前提是他認為對方的才智值得他花時間，否則他可能馬上就懶得理對方。

普林斯頓數學系很流行棋盤類的遊戲，納許也很熱衷，他尤其喜歡軍棋（Kriegspiel），這是西洋棋和海戰棋（Battleships）的結合，海戰棋是一種玩家只能看到自己棋子的遊戲。他也自己設計了一種遊戲，在普林斯頓稱為「納許」或「約翰」。其實類似的遊戲在他設計出來的前幾年，就已經在荷蘭出現了，商品的名稱為「六角棋」（Hex）。這種遊戲的棋盤是菱形，上面有六角形的格子（普林斯頓的棋盤是由一位學生所製作），玩家使用像圍棋的黑子或白子在棋盤上玩。

兩位玩家各占據棋盤的一邊，最先抵達棋盤對面的

人，並且建立不可攻破棋子防線的人，就是「約翰」的贏家。納許將這款遊戲設計成兩人、零和賽局，而且和西洋棋一樣，玩家有「完美的資訊」，意思是所有資訊都不會隱瞞任何玩家。舉例來說，下西洋棋時，你知道棋盤一開始的佈置，以及之後每個人的走法。相較之下，大部分的紙牌遊戲則沒有完美資訊，也就是說你不知道對手拿到哪些牌。在納許的遊戲中，原則上只要有完美的策略，先下棋的人有可能總是會贏——不過納許也明說，他並不知道策略是什麼。這個遊戲雖然比西洋棋簡單，但仍有太多可能的走法，而無法明確知道完整的策略。

是約翰・馮紐曼讓納許對賽局理論感興趣。乍看之下，納許並不適合研究這個理論，因為他認為應用數學研究的很多東西根本沒什麼用處——而且對數學家來說，博奕所用到的數學實在太微不足道了。但納許深受馮紐曼的魅力所吸引。他雖然是學者，但在商界和政界也有很深的人脈，所以影響力很大。很少數學家有像馮紐曼那樣的魅力。

納許和許多同儕一樣，沉浸在馮紐曼和摩根斯坦的重量級著作《賽局理論與經濟行為》（參閱第5章的單元：

賽局理論聖經）。這本書強調兩人、零和賽局，這是純粹衝突的賽局，但是並非人類行為的模式。馮紐曼在處理非零和賽局時，成就倒是沒那麼大。納許看到一個機會，認為這可以被視為經濟學領域的基本賽局——討價還價。這就是納許第一篇學術論文的基礎。

納許使用的方法和我們到目前為止看過的很不一樣，他的方法結合了討價還價的各方所擁有的替代方案，以及他們從達成協議中能獲得的潛在利益；換句話說，就是利用了這筆交易在各種條件下對參與者的相對效用。然後他再用圖形化的方法來找出各方的綜合最大效用（我們稍後將會看到這個方法的變化形式）。

納許通過測驗後，必須建構出一個論文主題。他向馮紐曼提出了一個想法，但馮紐曼認為他的主題太微不足道。但納許還是繼續他的研究，明快地放棄把馮紐曼視為他邁向未來的墊腳石。納許的想法比大中取小更進一步，以提供一個適用於非零和賽局以及有多個玩家的解法。這個概念我們將在下一段中探討，也就是後來所謂的「納許均衡」（Nash equilibrium），並且成為納許對賽局理論最重要的貢獻。當年他才21歲。

　　納許也大幅推進數學其他領域的發展，尤其是幾何學以及微分方程式。但是納許的精神健康有很長一段時間嚴重打擊他的生活。他30歲那年，成為麻省理工學院的教授。他本來應該處於影響力達到顛峰的人生階段，卻成了同僚擔心的對象。例如有一次，他曾經態度嚴肅地告訴其他講師，《紐約時報》有一篇文章內含來自其他星系的加密訊息。

　　接下來的30年左右，納許深受嚴重的妄想型思覺失調症（paranoid schizophrenia）所苦，經常出入醫院，也無法從事他熱愛的工作。有些較年輕的學者以為他死了，才會完全從數學界消失。一直到1990年代初期，已經60歲的納許，病況才開始顯著自行好轉（這種精神疾病的患者通常不會好轉），正好可以在1994年時領取諾貝爾經濟學獎。他一直活到2015年，享年86歲。

○× **多個納許均衡** ×○

納許對賽局理論最重要的貢獻，就是描述出一種被稱為「納許均衡」的結果。舉例來說，我們來想像一個賽局，兩位玩家可以選擇紅色或藍色。1號玩家選擇紅色，2號玩家選擇藍色。如果1號玩家選擇藍色，對他並沒有比較好，而且2號玩家選擇紅色對他也沒有比較好，這個解決方案就是納許均衡。在某些賽局中，例如囚犯困境，會有一個納許均衡（囚犯困境的納許均衡就是指證彼此），但納許均衡可以有不只一個。就此我們可以看出，不同於馮紐曼的大中取小策略只適用於零和賽局，可以用多個納許均衡得到較複雜的結果。

舉例來說，我們假設有一個遊戲，彩金是5英鎊。兩位玩家可以選擇要領取2英鎊或是3英鎊。如果他們選擇的金額相同，兩人都拿不到錢，但如果他們選擇不同的金額，就可以得到各自要求的金額。兩人都得到自己要的，就是納許均衡，因為不論是多少彩金，兩人都是根據另一方的選擇而做出最佳的決定。

所以，比方說，若1號玩家選擇2英鎊，那麼3英鎊就

表4.1 選彩金賽局的結果
（粗體數字代表納許均衡）

2號玩家 1號玩家	選擇2英鎊	選擇3英鎊
選擇2英鎊	0 / 0	3 / **2**
選擇3英鎊	**2** / **3**	0 / 0

表4.2 性別戰爭賽局的結果
（粗體數字為納許均衡）

2號玩家 1號玩家	看電影	吃飯
看電影	**2** / **3**	0 / 0
吃飯	0 / 0	**3** / **2**

是2號玩家的最佳策略。如果1號玩家選擇3英鎊,那2英鎊就是2號玩家的最佳策略。因為1號玩家的最佳策略產生的相同結果,所以表4.1中兩個以粗體數字顯示的結果,任何一個都是一個納許均衡。

這類型的賽局也曾被稱為「性別戰爭」(battle of the sexes)賽局,這種賽局並非選擇彩金,而是一對情侶選擇想要從事的活動。

這個遊戲的目標是讓雙方互相搭配,選擇一致的活動,而不是各自選擇不同的活動。其中一人比較想要看電影,而另一人比較想要吃飯。同樣的,這也有兩個納許均衡,以這個例子來說,就是兩人可能都同意某一個活動,但兩人想要的均衡又可能不一樣。如果兩人能事先討論策略,他們就可以確保實現均衡。因為這種情況很可能會持續發生,實務上他們會傾向採取混合的策略——也許是輪流做對方更想要做的事。

但是若這只是一次性的賽局,或是如果不知道發生了什麼情況,在兩人還沒講好要做什麼事前,電話線路就斷了,情況就會變得更複雜。的確,這是我們刻意編出來的例子,但以這個例子來說,玩家必須自行猜測對方想要做

什麼——未必總是符合他們的想法。我們稍後會再回來談談這個賽局。

○× 懦夫賽局（game of chicken）×○

這個賽局有個稍微不同的版本，一直都是好萊塢青少年電影最喜歡的劇情，從《養子不教誰之過》（*Rebel Without a Cause*）到《火爆浪子》（*Grease*）都是，只不過現實生活中幾乎不會發生這種事。

數學家兼哲學家伯特蘭・羅素（Bertrand Russell）以這個賽局來模擬核威懾，並且給了這個賽局一個令人難忘的名稱「懦夫」。賽局的內容通常是兩輛車在馬路上朝著彼此前進。如果兩輛車都往前直衝，就會撞毀。如果其中一輛車轉向，兩人都能活下來，但是沒有轉向的人就會獲得榮耀。如果兩人都轉向，兩人都能活下來，但都沒有得到好處 。

這個賽局和前一個賽局一樣，一人轉向、另一人直行的選擇有兩個納許均衡——所以知道納許均衡並無法引導

出理性的選擇。雖然這不是零和遊戲，但是有大中取小的鞍點[1]。玩家的極值是2（轉向的結果），直行的最小值是0。所以理性的選擇是兩個參賽者都轉向。

羅素將這個賽局作為數學隱喻，比擬1962年10月古巴飛彈危機期間的核對峙局面，當時蘇聯開始在加勒比海島國古巴建造核飛彈發射場，距離美國海岸只有100多英里遠。在此之前，美國未能在1961年的豬玀灣事件除掉古巴共產黨領導人卡斯楚（Fidel Castro）。這個危機變成世界兩大超級強權之間過於真實的懦夫賽局，當時的美國總統甘迺迪威脅，如果古巴不撤飛彈，就要以核武攻擊。兩強都生存下來的事實，突顯了賽局的結果就是有人轉向。在這個例子中，我們可以說雙方都轉向，但是看起來美國的立場比較傾向直行策略。

此外，值得一提的是，我們所指定的值可能會產生誤導。我們任意設定的數字2和0，看起來沒什麼不同。但是

---

1 在表4.3中，我們看到1號玩家的值。而2號玩家則需要最大欄和最小列的值，因為這樣才能知道2的鞍點。

表4.3 懦夫賽局的結果
（數值是根據保住面子還是保住性命而任意設定的）

2號玩家 1號玩家	轉向	直行	（最小列）
轉向	5 / 5	8 / 2	/ 2
直行	2 / 8	0 / 0	/ 0
（最大欄）	0 / 8	/ 2	

許多現代文化會傾向給輸掉面子但保住性命較高的分數，給贏了面子但輸了性命較低的分數。但也並非總是如此，可以說並不適用於某些文化，因為對某些文化來說，他們寧死也不能失去名譽。

這一點很重要，因參賽者可能會選擇混合策略，有時候轉向，有時候直行。撞擊的代價愈大，在混合策略中選擇直行的頻率就會愈低。當生存比輸掉面子來得更重要，就不太可能兩人都選擇直行衝撞。

○× 頻寬的兩難 ×○

幸好只有極少數人需要做核武部署的決策（或是玩過懦夫賽局），但我們都經歷過類似典型囚犯困境的賽局，納許均衡的「理性」結果是，參與的雙方都有不必要的痛苦。只單純尋找納許均衡，可能會錯失「帕雷托效率」（Pareto efficient）的結果。帕雷托效率的方案是指，一位參賽者不能為了讓自己的情況更好，就非得讓另一位參賽者情況變糟。在囚犯困境中，就是從兩個人都指證彼此的納許均衡，改為兩人合作讓兩人的情況更好。沒有人不好，合作符合帕雷托效率。

囚犯的困境互動可能是在兩人分享資源的情況下，而其中一人可能占有優勢，但如果兩人都想占有優勢，則結果可能是兩人都輸。也許最被廣泛研究的現代範例就是無線網路，太接近的傳輸器如果訊號太強，可能會彼此干擾，這樣會降低兩人可用的頻寬。

如果每一個傳輸器都降低訊號強度，則雙方都能受惠於擴大的頻寬，但如果只有一方降低訊號強度，降低的一方就輸了，因為會被另一方壓制。如果把權力交給雙方，

可以理性操控各自的設備，那麼兩部傳輸器可能都會調整成高強度訊號，因而產生「帕雷托無效率」的納許均衡。但如果傳輸器間可以相互作用，它們可能會協同降低強度，讓雙方都受惠。不同於基本的囚犯困境，這個情況可以持續受到監控，所以不違背符合參與者的利益的協議。

　　了解囚犯困境的運作以及賽局理論的意涵，就可以成為有用的談判工具，以強調合作的好處。剛學習到囚犯困境時很容易會想，這顯示了賽局理論的侷限，因為納許均衡不是理想的結果──但這麼想就搞錯重點了。「不然大家這麼做如何？」說得簡單，但是這是假設，暗示納許均衡是理性的決定，賽局理論建議在所有情況下都這麼做。實際上，在某些賽局中納許均衡並非理想的結果，在比無線網路問題更早的版本中更明顯，那就是公共的悲劇。

　　這是當共享資源有限的情況下，只要大家都取得公平的一份，則人人都能得到足夠的資源。從前有一種「公地」是放牧動物的共同場地。沒有人擁有這塊地，人人可以選擇要拿多少資源。就個人立場來說，如果稍微拿得比別人多一點點，當然對自己比較有利。若只有少數人這麼做還可以，但當多數人都開始這麼做時，整個系統就會崩

潰。比較嚴重的情況就是地球的天然資源問題。少數富裕的國家，其人口只占地球總人口的少數，可以取得比別人多更多資源，而不會造成問題。但是當其他人也開始這麼做——畢竟這樣才公平——就會出現資源短缺。

從賽局理論的觀點來看。理性的決定就是，取得比公平份量還要多的資源，就算這麼做會朝向納許均衡發展，也就是所有人都是輸家。但是別忘了，這裡的「理性」並不表示對整體公眾來說是合理的，這是指在你決定的那一刻，從你、你的家庭、你的國家的觀點來看是對的。身為人類，我們可以超越眼前短期的結果、更廣泛地理性思考，並考量整個社會的福祉。

○× 強迫合作 ×○

有時候在真正的囚犯困境中，參賽者被迫選擇有利的合作，但是如果讓他們自己決定，他們可能會選擇令人不滿意的納許均衡。這種情況就發生在1970年代的美國大型菸草公司。當時香菸製造商花了很多錢打廣告。依賴廣

表4.4 以2021年經濟水準計算獲利，單位為百萬美元
（價值是根據大小規模類似的公司計算而得：實際值可能不同）

雷諾菸草 ＼ 莫里斯菸草	不打廣告		打廣告	
不打廣告		350		420
	350		140	
打廣告		140		190
	420		190	

告的兩大菸草公司的預估年收益如表4.4（經通膨調整至2021年，單位為百萬美元）。

　　這是一個囚犯困境，因為不論一方怎麼做，另一方最好還是打廣告，當雙方都不打廣告就會造成收入減少。結果，兩間公司都損失了收入。然而美國政府迫使兩間公司別再打廣告，並以免除他們的聯邦訴訟案作為交換。從菸草公司的觀點來說，這是很棒的結果，因為這表示他們的獲利會大增，因為競爭對手不可能違背承諾而打廣告。雖然政府無意提高菸草公司的收入，但這就是他們所選擇行動的結果。

○× 疫苗賽局 ×○

　　新冠肺炎全球疫情就是很好的賽局理論實務操作案例。各國政府自然會想要確保自己的人民都接種疫苗，而事實證明，有些國家在這方面做得比其他國家政府好得多。這個情況下有兩個層次的賽局。

　　較大規模的賽局是指，各國必須超越自己的需求，著眼全世界。即使這種疾病已經在一個國家根除了，但是因為國際旅行和病毒變異，使得更致命的病毒可能會被重新輸入並再次傳播。因此必須盡可能確保全世界都接種疫苗。但是根據氧氣面罩的規則，還是有先照顧好自己的國家這樣強力的論點。

　　這是航空公司一項看似殘酷的指示，在艙壓下降時，氧氣面罩會落下，有能力的成年人應該先為自己戴好氧氣面罩，然後才幫助孩童或其他需要幫助的人。這是因為如果不這麼做，很有可能有能力的成年人都還沒戴上面罩就已先失去意識，這樣一來，兒童可能沒有能力幫助成年人。同樣的情況，雖然有些人抱怨一些國家先照顧自己的公民，但如果這些國家沒有先把自己穩定下來，就無法幫

助其他人。

　　然而，當自己國家的情況穩定下來，就算只是因為賽局理論模式中純粹出於自利，盡可能確保其他國家也獲得疫苗接種，是對自己國家有利的事，尤其是當各國之間往來頻繁的情況下。

　　本應在這兩層賽局中取得良好的平衡，但歐盟卻做得非常差。歐盟並不只是確保自己取得疫苗的合約比其他人先生效，甚至還威脅要阻止歐盟製造商將疫苗合法出口給其他國家，以避免自己的供給不足。這件事看似是一個精明的賽局方案，然而事實證明這其實是個很糟糕的策略，因為疫苗的生產完全是跨國的合作——如果歐盟禁止出口，其他國家同樣也可能會阻止對歐盟疫苗供應鏈重要的物資出口。在本書寫作時，這個邏輯似乎取得優勢——但是有一段時間，這差點就陷入了囚犯困境的危險局面。

　　以個人層面來說，這類賽局通常會達成合作的結果，因為許多人類的文化都認同合作的好處，並且在道德社會結構上會獎勵合作。雖然這類道德的行為可能源自於大規模的影響，例如宗教，但是在彼此互相認識的個人或小團體層級，合作的成果會更好。雖然就算兩個國家可能有同

樣的合作文化，但是要實施能達到這個層級的合作策略仍
比個人或小團體困難得多。

○×　拿去，不要拉倒　×○

　　這些經典賽局理論問題靠的是同時做決定。我們將
在第5章中看到，如果賽局反覆進行（通常是代表社交互
動的賽局），那麼最佳策略也會隨著賽局的進行而大幅調
整。但是也有一些簡易的賽局只會進行一回合，但參賽者
是逐一採取行動。這在囚犯困境這樣的賽局中就行不通，
因為先知道另一方的決定就能解開困境，但這正是一種
更複雜的賽局的本質，也就是最後通牒賽局（ultimatum
game）。

　　假設有一個可能贏得10英鎊獎金的機會。在最後通
牒賽局中，由第一位參賽者決定兩人要如何分這筆獎金；
聽完第一位參賽者的決定後，第二位參賽者可以「同意」
並接受分錢，或是「拒絕」分錢的方式，如果是後者，兩
人都不會得到獎金。最後通牒賽局有兩種納許均衡，但兩

者在現實生活中都不太可能發生。這兩種均衡顯示一弱一強情況下的差異。如果第一位參賽者不給第二位參賽者任何獎金，而第二位參賽者接受任何決定，這就是一個弱均衡，因為不論決定是什麼，第二位參賽者什麼也拿不到。強均衡則是第一個參賽者提供第二位參賽者最小單位的金額（以10英鎊的獎金來說，最小單位就是1便士），而第二位參賽者會接受任何零以上的金額。單就財務上來說，這是理性的選擇，否則第二位參賽者就是拒絕免費的錢——而這是強均衡，因為對第二位參賽者的財務上來說，接受比拒絕獎金要來得好。

有趣的是，對於將財務利益最大化的理性選擇，經濟學家經典的定義卻會失敗。如果第一位參賽者平均分錢，也就是每人5英鎊，那麼第二位參賽者幾乎絕對會說「同意」。然而若是第一位參賽者給自己的獎金比較多，就會出現一個臨界點，第二位參賽者會「拒絕」，因為他會覺得懲罰對方自私的行為比拿到錢來得更重要。

舉例來說，總獎金10英鎊，第一位參賽者可以給第二位10便士。這個賽局已經很多人玩過了，而且絕大多數的情況下，第二位參賽者都會「拒絕」這個提議。但是請注

意第二位參賽者做的事——拒絕意外之財。單就經濟學的標準來看，他的決定並不理性，但卻是很自然會做出的決定。

廣泛來說，有些文化通常允許第一位參賽者給自己70%以下的獎金，所以給第二位參賽者至少3英鎊，可能會被接受，但是超於七成就很可能會被拒絕。而其他文化則通常會要求兩人各分一半左右。但是正如經濟利益不是唯一的決定因素，這個結果本身也不像心理學家想呈現的那樣涇渭分明。

在研究中，這類賽局幾乎總是以小額的金錢來進行的。經濟學教授肯·賓摩爾（Ken Binmore）曾指出「當賭金提高時，這個效應並不會消失」，但其實顯示這個結果的研究，從來就沒給參賽者足以改變生活的金額。

我在一場公開演說中，請觀眾參與一個實驗，這個實驗的獎金不是10英鎊，而是1,000萬英鎊。我請觀眾起立，從100萬開始逐漸減少觀眾能得到的金額，然後當我說到他們拒絕接受的數字時，就請他們坐下：不意外的，沒有人會拒絕10萬英鎊。但是別忘了，10萬英鎊占1,000萬英鎊的比例，和10便士占10英鎊的比例是完全相同的，

但是在獎金規模較小的賽局，幾乎所有人都會拒絕。

　　通常在1萬英鎊的時候就開始有人坐下了。當然，口頭說你會拒絕1萬英鎊，實際上是否會拒絕又是另一回事了。當金額一直降到1,000英鎊時，大約半數的觀眾通常會坐下，只有少數（理論上是理性的）人一直堅持到10英鎊才坐下（這相當於總獎金只有10英鎊的賽局中，只拿到0.001便士）。只有一次，有個人一直站著直到剩下1英鎊。結果，其實我認識那個人，所以我向觀眾解釋因為他是約克郡人。（譯注：這是英國人對約克郡人的偏見，認為他們是出了名的小氣鬼。）

　　我得承認，這只是非正式的意見調查和思想實驗，並沒有人真正拿到錢，所以不能當成明確的證據。但是受試者的回應會和實際情況不同，令人很難相信有人會拒絕10萬英鎊。有意思的是，雖然歷史上來說，文獻顯示人們的行為不會因為獎金的高低而有所改變，但是最近的研究中，獎金的金額高出很多，結果就否定了之前的觀點，當獎金增加，拒絕的臨界點百分比就會愈來愈低。這就又回到了第2章看過的白努利賽局的期望值和效用兩者的平衡了。

最後通牒賽局的另一個形式稱為獨裁者賽局（dictator game），則是剝奪第二位參賽者的決定權。在這個賽局中，又是第一位參賽者決定如何分錢，但是第二位參賽者無法拒絕分錢的方式。對第一位參賽者而言，顯然單就經濟理性的決定來說就是自己留住所有的現金（第二位參賽不能做決定），但是實際上，視社會因素而定，通常第一位參賽者會給第二位參賽者一些錢。有人說，雖然這個賽局比較沒那麼有趣，但更接近許多真實世界的情況，即個人決定把錢給別人，而自己並沒有得到任何實質的回報。

○× 追求公益 ×○

另一個接近真實情況的賽局，稱為公共財賽局（public goods game）。這反映出的情況是，假設足夠多的人都採取負責任的行為，則承擔一個人的個人開銷會創造廣泛的福祉。相關的活動包括接種疫苗和社福支出。實際上，這個賽局正好是公共財悲劇（tragedy of the commons）的相反。

　　在這個賽局中，每一位參賽者都盡可能貢獻最多錢到共同的彩池中。將彩池中的金額乘以大於 1、小於參賽者人數的數字，然後產生的金額由所有參賽者共同平分。同樣的，納許均衡是最佳共同結果的相反。

　　納許均衡讓參賽者了解到，他可以不要貢獻任何金額。沒有出錢的人能從其他人貢獻的金額中獲得最佳結果。然而從邏輯上看，就沒有人會貢獻彩金，這麼一來也沒有人能得到任何彩金。相較之下，如果所有人都貢獻出自己最多的金額到彩金中，就會得到最大的全體福祉。順便注意一下，獎金乘數應該小於參賽者人數，這個限制就是決定的因素——如果乘數大於參賽者人數，則納許均衡就是盡可能貢獻最多彩金。

○× 超過 2×2 ×○

　　不是所有的賽局都只有兩個參賽者和兩個選擇。如果賽局的一個參賽者有兩個選擇，另一位參賽者有多個選擇時，而某個策略明顯比其他更好，有多個選擇的參賽者通

表4.5 假設天氣熱時，兩個策略結果的比較

實際狀況 預期天氣	熱	冷
天氣熱時的策略 1	500英鎊	－50英鎊
天氣熱時的策略 2	400英鎊	－100英鎊

常可排除一些策略。

我們再來想像一下，第2章中看到的餐車老闆的情況。同樣的，他面對天氣熱和天氣冷的採購選擇，但現在他可以選擇採購的食物非常多，有些在天氣熱時比較好賣，有些在天氣冷時比較好賣[2]。我們就暫時專注於他的兩個採購策略。（表4.5）

不論天氣如何，天氣熱時的策略1永遠優於天氣熱時的策略2——所以我們可以排除天氣熱時的策略2。在這一

---

2 雖然看起來好像只有一個參賽者，但其實「天氣」是另一個參賽者。

組策略中，天氣熱時的策略1就是優勢策略。優勢就是策略致勝的一個原因。在囚犯困境中，納許均衡就是出自優勢，因為提供證據指證對方，對兩位囚犯來說都是優勢策略。

　　如果利用優勢來排除部分策略，仍無法將2×n的賽局縮減為一個可以像前面那樣解決的2×2的賽局，那麼還是可以將部分2×2的賽局解開，然後看看這個方法對其他策略是否有效——採取的方法是查看兩個一組的策略組，以找出可行的2×2方法。但是實際上，賽局理論家會使用圖解法。雖然看起來很混亂，但卻是很實用的工具。

　　這個方法是使用兩個軸線，其中一個顯示賽局雙策略一邊的其中一個策略值，另一個軸線顯示另一邊的策略值。

　　如果我們將餐車老闆的選項增加到四個策略，如表4.6所示，那麼圖解看起來就會像圖4.1這樣。

　　找到解決之道的方法，就是沿著最上面的線段（標示為粗線）找到結構上的最低點（標示為一個點）。這顯示餐車老闆需要混合式策略，結合天氣熱時的策略1與天氣冷時的策略2，計算值的方式則是一般的2×2的方法。

表4.6 比較兩熱、兩冷策略的結果

實際狀況 預期天氣	熱	冷
天氣熱時的策略 1	500英鎊	－50英鎊
天氣熱時的策略 2	400英鎊	－100英鎊
天氣冷時的策略 1	－150英鎊	200英鎊
天氣冷時的策略 2	－200英鎊	300英鎊

圖4.1 四個策略圖

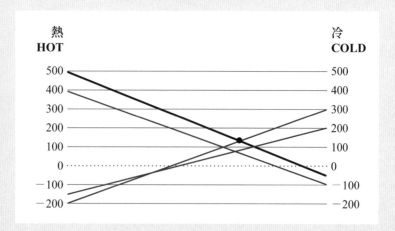

　　如果賽局有兩欄以上，但只有兩列，則圖解法就要找到最底部線段的最高點。

○× 剪刀、石頭、布 ×○

　　當然，真實生活中，有兩位參賽者的賽局並非總是只有2×n的選擇，也可以是m×n，每一位參賽者可選擇好幾種策略。也許兩個人要選擇，最簡單的辦法就是選擇猜拳。表4.7是一個3×3的賽局，每一位參賽者都有三個選擇。

　　這裡又回到像井字遊戲的零和賽局了，只不過沒有可能的鞍點，因為所有的欄最大值都是1，列最小值都是–1。我們無法排除任何策略，因為沒有一個具有優勢。玩一次猜拳沒有納許均衡，因為沒有任何一個組合對玩家來說是最好的選擇。

　　由於這個賽局是對稱的，所以沒有必要像之前一些賽局一樣計算混合策略。在這個賽局中，每一個玩家的納許均衡解決方案就是在三個選擇中平均出拳，每一次出拳的

表4.7 猜拳遊戲中，1號玩家的結果

1號玩家 ＼ 2號玩家	石頭	布	剪刀
石頭	0	-1	1
布	1	0	-1
剪刀	-1	1	0

機率都是1/3。一如以往，如果一位玩家不使用最佳策略
——假設他永遠出石頭——那麼另一位玩家就應該改變策
略以因應對方的失誤，也就是永遠出布。

而其他多策略 m × n 的賽局，我們也可以像之前一
樣，利用鞍點尋找優勢。但是如果結構無法縮減成可解
的2×2賽局，雖然仍有解決之道，但尋找解決之道會變
得愈來愈複雜。這時還是可以利用圖解法，但這麼一來我
們會進入多次元空間，這種圖不容易畫，必須藉助電腦來
畫圖。這樣的數學計算會變得太過複雜，無法以直接的圖
示來解釋（通常是用所謂的軸點法，這時需要多次操作表

格），但是理論上永遠是有解的。

<h1 style="text-align:center;">○× 預期對手的行動 ×○</h1>

　　在賽局中（不論在現實生活中呈現的是桌遊、經濟學或是人類的行為），我們通常無法完全得知對方的策略。結果，永遠會有發生遞迴爭議的危險，也就是其中一位參賽者可以假設另一人的策略是什麼——但如果另一位參賽者知道第一位參賽者在做什麼，就可以反制對方。

　　這個情況的簡單形式，就像猜拳。有些證據顯示，出石頭對男人來說是相對比較可能的第一選擇。這表示如果2號玩家知道這一點，而且和男人猜拳時，選擇出布對她就會有利。但是如果1號玩家也知道這個傾向，並且認為2號玩家會出布，那麼1號玩家就應該會選擇剪刀。但如果2號玩家猜到了，她就應該會選擇石頭……依此類推。

　　類似的情況，如果我猜拳，而且我知道對方知道長期來說最佳策略是隨機選擇，那麼我可能會計算，對方第二次出拳很可能會和第一次不一樣，因為有兩個不同的

選擇，但只有一個不變的選擇。所以如果我們一開始都出布，我可能會想，對方接下來會出石頭或剪刀……除非對方也在猜我下一個出拳的策略。

　　熟悉賽局理論的人以這樣的方式思考策略的風險在於，大部分的人猜拳時，不會採用這個微妙的方法。我上一次和人猜拳時，對方一開始出布。我沒有出石頭，因為我在想對方會不會假設我一開始就會出石頭，也許我應該選擇剪刀，但是我也沒有理由就出了布。但是之後我問她為什麼出布，她說因為這是三個選擇中她最喜歡的，因為是工整的四方形。

　　在談到賽局理論時，我們永遠要記住一件事，賽局理論假設參賽者的理性行為，而「理性」這個條件可能不純粹只是根據經濟性的原因。遺憾的是，在真實世界中，我們通常因為不理性的原因做出一些小的決定，因為這些事沒那麼重要。大部分的人都同意，人生苦短，所以不要花時間衡量小事的優缺點，例如該吃盒子裡的哪顆巧克力。我們希望在做重要決定時能保持理性——但即使這樣，可能也還是不理性的。

○× 我想你是對的 ×○

　　有時候賽局的結構是根據我們認為別人會如何選擇而定。預測賽局（英國經濟學家凱因斯稱之為選美比賽）就是個簡單的例子。舉例來說，我們可以請一群人各自在1到10的範圍中選擇一個數字。猜的數字最接近所有數值平均值的2/3的人，就是優勝者。沒有必要選擇大於7的數字，因為就算大家都選擇10，大家的目標值應該會是6.666……，那麼最接近的數字就是7。以我們之前已經使用的用語來說，7就是比所有大於7的數字更具優勢的策略。

　　但是如果所有參賽者都能自己猜出這一點，那麼他們就會知道我們其實是要他們在1到7之間選擇一個數字。如果是這樣，那麼平均值的2/3就不會大於5。這表示沒有必要選擇大於5的數字。但如果大家都只選擇1到5之間的數字……依此類推。最後，如果每個人都用這樣的邏輯，就只會選擇1——這就是納許均衡——結果大家都是贏家（但如果只有一筆獎金所有人平均，那麼贏了也不怎麼樣了）。

　　但是在真實的世界中，參與這種賽局的人不會想得這麼仔細。假設每個人都完全隨機選擇。最可能的結果會是什麼？人們通常會想，中間值是5，而5的2/3是3.333……所以最接近的值是3。但是實際上，1到10的平均值是5.5，而5.5的2/3是3.666……最接近3.666的值則是4。

　　出於我個人的興趣，我曾經試過兩次的千人賽局，讓參與者隨機選擇1到10之間的整數：平均值的2/3結果是3.736，另一次是3.754。

　　但真實世界中的遊戲可能不同，因為人們在被要求選擇1到10之間的數字時，通常會選擇7。既然如此，考慮7比其他數字更可能被選中的情況，就很有意思了。就算一半的人選擇7，獲勝的數字仍可能是4，但如果所有人都選擇7，那麼獲勝的數字就變成5。

　　這個賽局的另一個版本，在真實世界中於1997和2015年在《金融時報》實驗過兩次，是由美國經濟學家李察·賽勒（Richard Thaler）所設計的比賽。在賽勒的版本中，選擇的範圍是0到100，參賽者要猜「最接近平均猜測值的2/3」。在1997年的試驗中，獎品是從英國到美國的商務艙機票，但在2015年時（由英國經濟學家暨作家

提姆·哈特福代表賽勒發表），獎品則是「時尚旅行袋」
和一本賽勒的新書。（有趣的是，有1,382人參加爭取機
票，但只有583人參加爭取旅行袋。）

　　《金融時報》的讀者應該比大多數的人更擅長數理。
不過最後一次調查時，最多人猜的數字是1，接著是0，然
後是22。也有不少人選擇42，可能是作家道格拉斯·亞
當斯（Douglas Adams）在《銀河便車指南》（*The Hitch-
hiker's Guide to the Galaxy*）一書中，為人生、宇宙和一切
終極問題所設定的答案是42這個數字。選擇100的人也不
少，有一群參與者承認他們事先說好選擇100，以拉高平
均值，讓理性的決策者贏不了。

　　因為解決方案的分布，2015年的優勝數字是12，而
1997年的分布也很相近，優勝的數字是13。最後，2015年
的比賽有20人猜中，並根據猜中的人解釋選擇這個數字的
原因，原因最好的人獲勝。

　　就像我們目前為止探討過的賽局一樣，賽勒的賽局也
是只玩一輪——但真實世界通常包括重複的互動，賽局理
論學家很快就會體認到這個現實。

如果一開始不成功

IF AT FIRST
YOU DON'T SUCCEED

○× 無限循環 ×○

　　我們已經看過混合式策略對賽局理論的影響，理論上來說，賽局進行一次以上可以產生納許均衡，以支持某一個決定。但是重複進行賽局會有更深層的後續影響，尤其是當未來的賽局是開放式結果的情況下，也就是雙方都不知道重複賽局的程序何時或是否會結束。這麼想很奇怪，因為賽局在程序上通常是有固定時間的競賽，不論是猜拳、下棋或是打網球都是。但是別忘了，賽局理論的範疇比真正的遊戲比賽更廣，而且很多人為情境在一連串的互動中並沒有可預測的結尾。

　　賽局理論正是用這無限重複的可能性來解釋互惠——也就是一個人願意接受較差的結果，讓另一人受惠，因為未來對方可能會回報他。這表示，長期看來，為他人著想是較好的策略，而不是接受經濟學家一開始的理性和純粹自利的做法。

　　但是互惠並不包括利他的作為，也就是在單一賽局中，一個人決定接受較差的結果並讓全體受惠，或是不考慮未來可能的獲利。這時，只根據財務獲利的簡易賽局理

論就不足以解釋這個情況，我們需要進一步考慮為他人做事所產生良好的感覺，以及照顧他人的文化和社會架構。

○× 零和思維 ×○

1950年代末期和1960年期初期，俄亥俄州立大學進行一系列的實驗，在一連串重複的雙人賽局中挑撥學生。這個實驗突顯一個不令人意外的結果，那就是當事關自己時，人們並不擅於判斷數字結果所隱含的意義。但也許更有意思的是，參與者似乎將錯誤的模型應用至賽局。

在俄亥俄州立大學的賽局中，學生們有紅色和黑色按鈕可以選擇，並附上一份賠率表[1]。其中一個賽局的結果

---

1 編按：這是類似囚犯困境的實驗，紅色按鈕表示「背叛」，黑色按鈕表示「合作」。在這個案例中，若兩位參賽者都按黑色按鈕，則各獲得4美分；若一位選紅色一位選黑色，則紅色得3美分，黑色得1美分；若兩位都按了紅色按鈕，那麼大家都拿不到獎金。透過多次的賽局，獎金可以累積。

表5.1 俄亥俄州立大學賽局結果，選擇紅色永遠是最糟的結果

2號參賽者 1號參賽者	紅色	黑色
紅色 　　0	0	1
3	3	4
黑色 　　1	3	4
4		

如表5.1。

請注意，紅色是很差勁的選擇。和納許均衡完全相反。不論另一位參賽者如何選擇，選擇紅色按鈕都比較不好。但是在實驗中，學生有47%的機率會選擇紅色。

在我們考慮為什麼會做出這麼不合邏輯的策略時，我們必須先說明一個前提。這些年來許多社會科學實驗遭到質疑，因為樣本數太小[2]，或是實驗設計不周，這表示

---

2 這裡的樣本數是指參與實驗的人數。若要有意義地代表整體大眾，通常需要數百人甚至是數千人參與實驗。但有些實驗的參與者甚至不到十人。

他們並沒有測試應該衡量的效果。太常發生的情況是，這些研究可能經過刻意挑選——選擇只記錄符合研究者論點的結果——或是P值濫用（p-hacking，又譯為顯著值濫用），也就是研究員用各種方法來產生數據，直到找到某個特定的因素組合具有統計顯著性[3]，但就算是有足夠周全的資料整理，也會碰巧發生這種偏頗的情況。

　　和俄亥俄州立大學實驗相似的另一個問題是，社會科學實驗通常以學生為實驗對象，但學生完全無法代表整個社會的人口，包括各種因素，例如年齡和教育程度、種族和貧富程度。社會科學研究的許多問題造成所謂的複製危機（replication crisis）。也就是以較謹慎的方式重新進行許多舊的研究，卻無法產生原本的結果。2015年時，針對100份心理學研究進行的一項分析發現，大致上，新的研究結果只是原先研究發現的一半。原本的研究有97％發

---

3 統計顯著性是用來衡量觀察到的結果是不是單純的巧合。就算某個結果具有統計顯著性，並不表示重要。結果可能很瑣碎、沒有任何涵義，但仍具有統計顯著性。

現顯著性結果，但重新進行的研究只有36%發現顯著性結果。所以，對於舊的心理學和社會學研究結果，我們必須抱持非常保留的態度。不過，就算俄亥俄州立大學的研究裡47%這個數值是被誇大了，但有人會按紅色按鈕仍是件奇怪的事。

　　有人認為，參賽者會不理性地選擇紅色按鈕是因為我們習慣了零和賽局。的確，許多桌遊和紙牌遊戲都是零和賽局的架構。所以很容易讓人把任何賽局視為目標就是要打敗對方，而不是設計最佳的策略，而最佳策略可能包括了和對方合作。有人猜測，俄亥俄州立大學的賽局，得到和對手相同的結果被認為是平手，而不是輸或贏的局面。如果一位參賽者選擇黑色，另一人會覺得他每一次也都選擇黑色是不好的策略，就算賠率表顯示得很清楚並非如此。雖然後來一連串的賽局設計成避免使用遊戲術語（例如使用「互動」而非「遊戲」這個詞），但類似這樣的實驗設計，感覺起來還是比較像輸贏的遊戲，而不是真實世界裡與他人互動，而且可能因此影響了決策的過程。

○×「嚴酷」與懲罰 ×○

透過多次比賽可以對重複賽局（repeated games）進行探究，讓好幾個電腦演算法競爭，一段時間之後看看哪些策略會勝出。最常被研究嘗試的就是囚犯困境。許多延伸的遊戲策略會利用報復手段逼對手合作。其中最強而有力的稱為「嚴酷策略」（grim），這是指囚犯彼此合作（不指證對方），除非對手違背約定（提供證據指證對方）。從這一刻開始的策略就是永不再合作。一次違反約定，你就出局了。

「嚴酷策略」是一種黑白分明的策略。如果人類參賽者知道對手絕對會採取這個策略，那麼理性的做法就是合作。但是因為我們通常都不會知道對手的策略，許多策略會包括偶爾違反約定，以測試對方的態度；但嚴酷策略這種非黑即白的策略，代表如果有人想試試看偶爾違反約定會如何，整體結果絕對是負面的影響。實際上，重複的囚犯困境賽局還有一種更好的策略，稱為「以牙還牙」（tit for tat）。

這種策略最簡單的形式就是一開始時合作，後來不論

對方怎麼做，下一步也跟著做一樣的決定。這個想法聽起來很像人類反應中典型的「以牙還牙、以眼還眼」。但這個策略若要有效，需要採取微妙的手段。如果我們想像自動化演算法採取這個策略，那就會變成搖擺不定的「嚴酷策略」。我們以之前用過的結果表來看看結果。這是囚犯困境的「正面」結果，表格中的數字是贏得的金額（單位是英鎊），這樣我們就能知道重複這個賽局會累積的獎金——否則的話，以坐牢的刑期長短來表示，很快就會讓人看不懂。以金額的數字來看，結果表看起來如表5.2。

我們來想像一下最初六次賽局的結果。當雙方都使用「嚴酷」策略時，就會產生完全合作，結果是每人都得到30英鎊。如果參賽者都利用最基本的以牙還牙策略，那麼結果也是一樣的，因為規則就是合作，否則對方就會違反約定並提供證據。但是假設其中一位參賽者想碰碰運氣並違反約定，之後雙方都採取以牙還牙的策略。結果順序如表5.3。

結果每人只贏得18英鎊——比兩人都選擇嚴酷策略所得到的還要少很多。參賽者陷入無法擺脫的失敗與報復循環中。即使1號參賽者違約，而2號參賽者選擇永遠合作

表5.2 囚犯困境的正面結果

1 號參賽者 ＼ 2 號參賽者	合作	違反約定
合作	5　　5	6　0
違反約定	0　6	1　　1

表5.3 有人違反約定一次後，
之後都是以牙還牙策略的最初六次賽局結果

1 號參賽者		2 號參賽者	
違約	6	合作	0
合作	0	違約	6
違約	6	合作	0
合作	0	違約	6
違約	6	合作	0
合作	0	違約	6

的策略（可能性不高），那麼以牙還牙還是無法讓1號參賽者得到最好的結果。（除了和聖人玩這個賽局，否則這種情況只會發生在用電腦測試時，因為電腦無法改變策略。）如果用以牙還牙策略來對付永遠採取合作策略，則全程都會是合作策略，每個人都能贏得30英鎊。對付永遠選擇合作的人，獲取最大利益的方式就是永遠違約，在這種情況下，每一次不合作就能賺到6英鎊，總計賺到36英鎊。

當一位參賽者採取回應性的策略，才會是真正的以牙還牙策略。以這個例子來說，在嘗試了幾次後，另一位參賽者發現如果他一直違約會自己不利，所以就開始合作，而以牙還牙策略的參賽者就會給他帶來回報，因而結果會如表5.4。

1號參賽者違約後，2號參賽者以報復手段回應。如果1號參賽者發現這麼做不好，於是決定連續合作兩次以補償對方，則重複賽局就會回到穩定的狀態。這一回合前四次賽局的結果（表5.4）和之前的以牙還牙策略的賽局（表5.3）差不多，但是後來策略就開始產生作用，所以等到參賽者玩過六次後，每一個參賽者都贏了22英鎊，因為參

表5.4　如果1號參賽者違約但後來合作的結果順序

1號參賽者		2號參賽者	
違約	6	合作	0
違約	1	違約	1
合作	0	違約	6
合作	5	合作	5
合作	5	合作	5
合作	5	合作	5

賽者如果合作，每一位平均可以得到5英鎊，但是在合作
與違約策略之間搖擺不定的人，平均只能拿到3英鎊。

　　如果另一位參賽者可能選擇「永遠合作」策略（除非
對方違約，否則看不出來），就可以選擇1號參賽者在表
5.4的策略。在範例中，2號參賽者選擇以牙還牙。但是相
反的，如果他們永遠合作，則他們在第二場賽局的反應也
會是合作──這樣一來，1號參賽者此時應該改為違約。

○×　非天擇　×○

　　現代人工智慧系統利用機器學習的過程，以改進策略來改善賽局的結果。1980年，政治學家羅柏‧艾克索洛（Robert Axelrod）在密西根大學用電腦試驗不同的策略進行重複囚犯困境，採取的方法是開發出一種演進式的系統。他和團隊在重複賽局中使用各種策略對付彼此，然後再觀察得分結果。

　　接著再讓這些策略進行競爭篩選，也就是在後續的比賽中是否要採用某一個策略，是由前一次使用該策略時的得分而定。一開始有幾個策略沒有被淘汰，有些則很快就被淘汰了。但是一些策略沒有被淘汰是因為可用來對付特定的對手策略。實際上，沒有被淘汰的策略就像掠食者，其中有一些對於獵物很挑剔，而另一些策略則能挑戰各種對手。

　　結果幾次下來，一些沒被淘汰的策略也被淘汰了，因為它們的獵物也已經被淘汰了。在許多情況下，以牙還牙仍是最佳的方法。這個策略唯一可能被淘汰的情況是，非常大量的參賽者總是選擇違約。

視比賽的結構而定，這時情況就比較複雜了。遊戲有三種進行的方式。參賽者可以一直選擇同一位對手；或是每一次都選擇不同的對手，但是使用同樣的策略；或是每一次選擇不同的對手，並追蹤針對這位對手而選擇的策略。

以第一種玩法來說，無論是使用以牙還牙還是永遠違約，出現次數較多的策略比較可能具有優勢，因為如果選擇以牙還牙策略的人再次使用以牙還牙策略，一定會比選擇違約策略的結果更好，但如果在第一局就選擇違約，結果就會稍微差一些，因為選擇違約策略的人贏了第一局，之後雙方就會是平手。第二種玩法也很類似，選擇以牙還牙策略的人，只要選擇一次違約策略，就再也無法恢復贏面，這還要看在對上使用違約策略的對手之前，他們已玩過多少回合。

然而以第三個玩法來說，即使只是偶爾使用以牙還牙策略，也會逐漸開始占上風，因為每一次和以牙還牙的人玩，對方都會給他帶來較高的積分，因為他們「相信」對方。而總是選擇違約策略的人只會被相信一次，所以每一個以牙還牙的參賽者只會給他一次較高的積分，但是以牙

還牙策略的參賽者每一次使用以牙還牙的策略，雙方都能受惠。

○× 從結果往前推論 ×○

以牙還牙策略的成功，顯示重複的囚犯困境賽局明顯應該這麼做。而對於沒有結束的賽局（或是不知道何時結束，例如人生），通常適用這個方法。但是如果參賽者知道賽局會持續多久，這個策略似乎就沒那麼好用了。

我們來想像一個重複囚犯困境，結果如上表，但是參賽者都知道賽局有十個回合。所以最後一回合就會是特例，無法報復參賽者的策略。因此，參賽者最後一回合就會很想選擇違約。但是請看看會有什麼結果。如果最後一回合已經確定了，倒數第二個選擇就很特別。所以在第九回合時，理性的參賽者應該會違約，以獲得最大的報酬。

如果把這個「倒推」機制放到最大，就顯示參賽者應該每一次都選擇違約，這樣我們就又回到單一回合的囚犯困境了。幸好，對理性的參賽者來說，這個論點有個重大

的問題。

　　如果每一位參賽者都知道彼此會這麼想，那麼結果就會反過來。兩人都應該選擇在最後一局合作，以避免「非帕雷托效率」的結果──這會倒推回到第一回合。然而這樣的邏輯判斷並不表示每一位參賽者不會去想，如果對手採取這樣的推斷，那自己就應該在最後一回合打敗對方，因為這樣才能獲取最大利益。但這會陷入一個跳脫不了的循環推理，也就是「如果我以為你會以為我以為你會以為……」。

　　實際上，參賽者如果決定因為可能會陷入雙方都違約的情況，邏輯思考的參賽者在實務上應該每一次都合作，只不過最後一回合可能會選擇違約。

○× 諷刺的加油案例 ×○

　　價格戰就是真實生活中的重複賽局程序。當某種商品在市場上有好幾個主要的供應商──而消費者並不在乎品牌時──每隔一陣子價格就會忽然大跌。但是這其中不只

是削價這麼簡單的事而已。最顯著的就是（汽）油價。

實際上，加油站的油價波動就是一個重複的囚犯困境賽局。在這個賽局中，降低至比競爭對手還低就是違約策略，而維持和對手一樣的價格就是合作策略。當一位競爭者降價比其他人還低，當消息一傳出，他的銷售量就會爆增。如果競爭者也違約——別忘了，就經濟上來說這是理性的做法——那麼油價就會不斷下跌直到穩定為止。

要解決這個問題，只要將價格訂在比加油站的成本略高就行了。但是實際上，價格還會降得更低，特別是因為最便宜的油價通常都在超市，因為超市假設有些加油的人也會在店裡買東西，所以就讓油價低得虧錢。

但有趣的是，大部分的時候，同類型的加油站價格都差不多。（公路旁和超市旁的加油站，油價總是差異很大，但是不同油商在同類型的加油站定價都差不多。）有些人以為這可能是違法的共謀壟斷，但其實沒有必要。公司都知道，要維持合理獲利唯一的辦法，就是將價格定得和競爭對手差不多，所以他們會傾向觀察競爭對手的價格，然後採取類似的定價策略。

在這個重複的囚犯困境情境中，參賽者看到合作的整

體優勢還有對手以牙還牙的可能性，所以（通常）不需要
溝通就會合作。

○× 你告訴我，我就告訴你 ×○

到現在我們看的大部分賽局，參賽者在做決定前不知
道對手的選擇。如果是單次賽局，參賽者可能做出令人不
愉快但是理性的選擇，但是在重複賽局中，一回合的行為

表5.5 性別戰爭賽局的結果

1 號參賽者 ＼ 2 號參賽者	看電影	吃飯
看電影	3 ＼ 2	0 ＼ 0
吃飯	0 ＼ 0	2 ＼ 3

可能會在下一回合時被獎勵或懲罰。但是在許多實際的賽局中，重複行為所得到的資訊並非來自同步的賽局，而是來自公開輪流，一個接著一個的賽局。這樣的賽局又是不同的結構。

　　以第4章提到的簡單賽局為例，這個賽局有時候被稱為性別戰爭，這個賽局的結果看起來如表5.5。

　　若要進行這個賽局，我們得想像一個不太可能的情境，兩位參賽者無法溝通，不知道對手會怎麼選擇。但是如果這個賽局就像桌遊一樣，參賽者公開輪流決策時，又會如何？舉例來說，1號參賽者可能先下班、前往電影院，然後把她所在的地點用簡訊傳給2號參賽者。我們在第3章看到的樹狀圖很有用，但是在這個特殊的例子中沒有或然率，如圖5.1。

　　不同於同步的賽局，1號參賽者可以先做決定，而她選擇看電影。現在我們可以不管樹狀圖的另一邊，因為不可能發生。所以2號參賽者的決策樹比較簡單，又稱為子賽局（subgame），如圖5.2。

　　現在只有一個決定——2號參賽者可以選擇吃飯或是看電影。其中一個決定具有優勢，那就是看電影。如果2

圖5.1　性別戰爭賽局樹狀圖

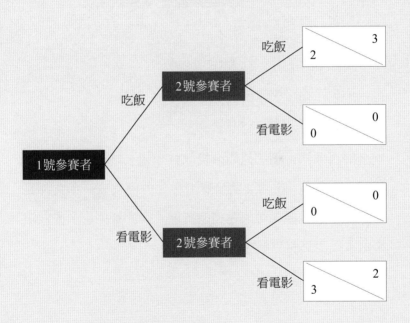

圖5.2　性別戰爭賽局修剪後的樹狀圖

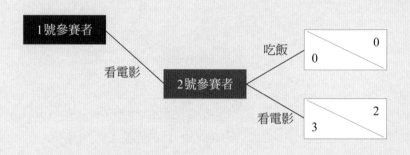

號參賽者理性行動，他們最後就會一起去看電影。在這個
賽局中，先做決定給1號參賽者很大的優勢——通常都是
這樣，但是也很有可能在經過特別設計的賽局中，先做決
定的人反而具有劣勢。

○× 回到瘋狂的相互保證毀滅 ×○

　　到目前為止，我們看到最令人沮喪不安的賽局，也就
是核戰賽局，這是一個同步賽局，兩國都可以選擇先發制

人──但也可以把這個賽局當成參賽者依序採取行動的賽局。在我們深入觀察相互保證毀滅的賽局細節前，我們先花一點時間來看看前面看電影／吃飯的決定。

如果2號參賽者說：「無論如何，我要去吃飯。要不要來隨便你」該怎麼辦呢？1號參賽者要判斷這是真的威脅，還是虛張聲勢。邏輯上來說，這並非真的威脅──因為根據賽局結果表，2號參賽者會比較想和1號參賽者去看電影（得2分），而不是自己去吃飯（得0分）。如果2號參賽者採取理性的行動，就算他開口威脅，最後還是會去看電影──這種事沒有必要「跟自己過不去」。

有些人可能很固執，堅持採取某個行動導致無法得到最佳的結果，就為了保住面子或是維持權力關係。兒童可能因為還沒有能力進行邏輯思考，而堅持不好的選擇。成年人可能因為固執而做出對自己不利的事，但有時候，為了在持續的賽局中維持某個地位，面子就比較重要。舉例來說，任何父母都熟悉的賽局──強迫性的威脅。

想像一個家長要孩子做一件事，或是不要做一件事。假設我曾經要我女兒整理房間（我的兩個女兒都長大了）。我們假設這是兩人輪流的賽局。她的反應是「等一

下再整理」。但我很清楚這表示她絕對不會整理。所以我的回應是「不行，現在就去整理」，結果她的回答是「不要！」這時我已經生氣了。因為當下的壓力，我做了一個很明顯沒有公信力的威脅。我告訴女兒，如果她現在不整理，明天就不准去朋友的生日派對。

這本來應該是個沒有公信力的威脅，因為我知道如果我不准她去，我會很難過她錯過了這個活動（這個朋友的生日派對向來都是最棒的），而這位朋友的父母也會對我有負面的觀感，因為他們本來就預期我女兒會出席。但如果我讓步，以後我的威脅就不會被當真了（而且她會告訴雙胞胎姊妹，我的威脅沒有用）。如果把這看成單次賽局，我不應該將威脅的話付諸實行，因為如此一來對我和女兒來說是雙輸的局面，但實際上我應該付諸行動，因為這不是一次性的賽局，而且未來的後續影響會很嚴重。（當然，我一開始就不應該這樣威脅，但話一出口，賽局就開始了。）

可怕的是，這個顯然是很瑣碎的家庭懲罰賽局，卻和核戰以及相互保證毀滅情境竟然完全相同。只有在重大的報復威脅具有公信力的時候，相互保證毀滅策略才會有

效。在2019年英國普選前，時任工黨領袖傑洛米·柯賓（Jeremy Corbyn）說，他絕對不會按下核子按鈕。如果柯賓贏得了大選，英國的核子威脅就會變成沒有公信力的威脅。那麼如果有個潛在的攻擊者覺得，以核武攻擊英國比不攻擊要來得更好，那麼將威脅化為行動就是很合邏輯的做法。

　　當然，我們不知道任何國家會不會採取核武攻擊策略。舉例來說，敵國可能會因為道德理由而反對進行核武攻擊，也就是說，即使報復的可能性已經從賽局樹狀圖上剔除了，他們也不傾向使用核武。然而，把英國的威脅變得不具有公信力，實在看不出來有什麼好處，而且如果柯賓當時當選了，他們也可能會透過修改授權核武攻擊的機制，設法將這個威脅變得有公信力。

○× 賽局理論聖經 ×○

　　歷史上有好幾本很厚的科學與數學書，可以被視為明確的進展。知道這些書的人通常比看過的人還要多（

部分原因是這些書都很難懂）。例如我馬上想到的是羅傑・培根（Roger Bacon）深入探索十三世紀科學的《鉅作》（*Opus Majus*）、牛頓在傑作《自然哲學的數學原理》（*Philosophiae Naturalis Principia Mathematica*）中介紹他的運動定律和萬有引力、艾弗瑞德・諾思・懷特黑德（Alfred North Whitehead）和伯特蘭・羅素向牛頓致敬的《數學原理》（*Principia Mathematica*），這些都是數學的基礎。賽局理論的基礎則是馮紐曼和摩根斯坦超過600頁的大作《賽局理論與經濟行為》。

　　雖然這本書很大一部分是複雜的數學公式，但是內容也能讓人感受到發展賽局理論的這兩人的想法。摩根斯坦是經濟學家，這本書的目的是要將賽局理論的力量應用在經濟學，但是實際上內含很多的純賽局理論。此外，經濟學家從來就不喜歡賽局理論，部分原因是這本書明確批判數學不該被用在經濟學。

　　作者寫道：「數學運用於經濟學理論的情況可能被誇大了。不論如何，數學應用於經濟學並不是非常成功。」大部分的科學和數學家都會同意這樣的分析，但是經濟學家可不會高興。兩位作者繼續指出，大部分的科

學必須依賴數學，並且解釋他們為什麼覺得經濟學不適合。「經常聽到的論點是，因為人性的因素、心理因素等等，或是——據說——沒有重要因素的衡量方式，所以數學無法找到應用的地方，這些完全都是錯誤的。」

馮紐曼和摩根斯坦繼續以有說服力的方式拆解這些論點。他們指出，真正的問題在於，經濟學問題並沒有清楚的公式，而是模糊的條件，而且數學工具在經濟學的運用也不恰當。雖然現在數學在經濟學的重要性更甚於他們在1953年寫書的時候，但我們可以說，問題的第二點沒說錯，也就是數學運用於經濟學的方式並不恰當（有關數學如何被經濟學誤用的資訊，請參閱大衛‧歐瑞爾〔David Orrell〕的著作《經濟學之謎》〔*Economyths*〕）。

然而，馮紐曼和摩根斯坦有一個觀點並不正確：雖然賽局理論對於我們更理解決策程序有非常大的幫助，但卻無法以數學機制來使經濟學為更像是一門真正的科學。從心理學和實際的觀點來理解決策制訂以及人類思考過程，其實賽局理論非常有用——但在大部分情況下，數學並非實用的經濟學工具。

○× **紐康姆混合一切** ×○

　　有一種情況是，賽局理論不提供決策工具，卻還是能幫助我們了解流程，那就是當決策結構的對立觀點產生衝突的結果。這類問題最為人所知的例子，是由美國物理學家威廉‧紐康姆（William Newcomb）於1960年所提出的情況，這個賽局很容易就可以改為電視遊戲節目。

　　就像電視節目《一擲千金》（*Deal or No Deal*）那樣，遊戲的參賽者要在幾個箱子中做出選擇，而且他們不知道箱子裡的內容物。但這個遊戲只有兩個箱子，第一個裡面有1,000英鎊，這個參賽者已經知道了。而第二個裡可能有100萬英鎊或什麼也沒有。參賽者可以選擇打開兩個箱子，或只打開第二個——參賽者可以贏得她選擇打開的所有箱子裡的東西。

　　這看似很瑣碎的選擇，因為看起來打開兩個箱子所產生的價值最大，但是這個遊戲有個轉折。節目團隊會根據他們對參賽者的深入研究，決定第二個箱子裡要放什麼東西。他們有所有可取得的資訊，包括她的醫療記錄和學歷、和親朋好友訪談的內容。團隊根據這個研究做出

選擇。如果他們認為參賽者只會選擇第二個箱子他們就會在裡面放100萬英鎊。如果他們認為參賽者會選擇兩個箱子，那麼第二個箱子裡就什麼也沒有。

為幫助參賽者做出決定，攝影棚後面會有一個計分板，記錄著在漫長的節目期間，製作團隊猜對幾次、猜錯幾次。如果你運氣好被選中時，遊戲已經進行過一千次，而製作團隊只猜錯過一次，這表示他們有99.9%的機率會猜對參賽者的決定。

你會選擇第二個箱子，還是兩個都選擇？

這個遊戲最吸引人之處在於，大部分潛在的參賽者都知道自己會怎麼做──但大致是兩種選擇的機率各半。以賽局理論來說這很合理，因為有兩個方法可以分析結果，一個支持打開第二個箱子，另一個支持打開兩個箱子。

第一個策略是根據預值報酬。假設製作團隊猜對的機率和前一千次一樣準，那麼選擇第二個箱子的預期報酬就是 $1,000,000$ 英鎊 $\times 0.999 + 0 \times 0.001 = 999,000$ 英鎊。選擇兩個箱子的預期報酬就是 $1,000$ 英鎊 $\times 0.999 + 1,001,000 \times 0.001 = 1,999.10$ 英鎊。所以有很強的說服力只選擇第二個箱子。

表5.6 紐康姆的賽局結合參賽者的選擇與製作團隊的預測

製作團隊 參賽者	兩個箱子	只選第二個	最小列
兩個箱子	1,000	1,001,000	1,000
只選第二個	0	1,000,000	0
最大欄	1,000	1,001,000	

但我們以不同的方式來看這個賽局。

如果我們只考慮單次賽局,就會有一個鞍點告訴我們理性的策略就是參賽者選擇兩個箱子。不論製作團隊選擇哪一個策略,參賽者選兩個箱子的結果,都至少會有1,000英鎊——這就是優勢策略。這令人聯想到囚犯困境。有一個清楚的策略可以選擇,只不過選擇另一個策略,也就是信任製作團隊能猜對參賽者的選擇,結果可能會更好。

這裡沒有「正確答案」。我們又回到必須依賴效用來決定。如果1,000英鎊會改變參賽者的處境,她不能沒有

這筆錢，那她就應該選擇鞍點，也就是大中取小的方案，選擇兩個箱子，因為這樣保證會得到1,000英鎊。但如果參賽者沒有1,000英鎊也沒關係，那她最好的選擇是預期報酬，並且打開第二個箱子，而且很有機會贏得100萬英鎊。

○× 情境很重要 ×○

紐康姆的賽局雖然感覺起來很刻意，但是卻有一個明確而且經常發生的心理效應，可能會影響紐康姆賽局參賽者的決定。那就是金額的大小會影響我們認為這筆錢有多重要。如果把這筆錢和一個更大得多的數字比較，我們可能會忘記這筆錢的效用。

紐康姆賽局保證的金額是1,000英鎊，對大多數的人來說是個不小的數字。例如大部分的人如果把放了1,000英鎊的皮夾弄丟了，都會覺得很沮喪。同樣的，如果同一個度假行程的花費，一間旅行社要價2,000英鎊，而另一間旅行社要價1,000英鎊但消費者需要多花一點心力，那

麼大部分的人會覺得花點心力省下1,000英鎊是值得的。

　　然而若是在購買一間30萬英鎊的房屋時，大部分的人會覺得1,000英鎊的價差很小，不值得費心力去爭取。然而獲得或損失1,000英鎊是完全一樣的，1,000英鎊的效用是完全一樣的。但是因為這個心理情境效應，1,000英鎊的價值看起來就會比較小。從賽局理論的角度來看，在沒有情境的情況下，我們應該隨時都要謹慎思考一筆金額的效用。

○×　你知道他們知道的事嗎？　×○

　　真實世界不像遊戲節目的參賽者，我們無法得知完整的資訊。遊戲節目的規則很清楚，但我們未必知道人生這場「賽局」的規則，我們未必知道其他參賽者的策略，我們未必有清楚的資訊可以知道採用某個策略的結果。有些賽局非常不公平，因為一位參賽者擁有其他人所沒有的資訊——所謂的不對稱資訊——而其他賽局的資訊可能沒有人知道。甚至可能有人故意給參賽者錯誤的資訊。

　　通常在商業交易進行時，會有資訊不對稱的情形。以二手車銷售為例，賣方比買方更清楚車子的問題。在這樣的情境下，買方可能會做合理的事，花點錢請專家來檢查車況，或是多付一點錢向信譽良好的二手車商買車，因為如果後續有任何問題，他都會負責維修。雖然他們可能沒意識到這一點，但是買方多花一點錢的意義在於增加可得的資訊，以平均賽局。

　　同樣的，賣方可能也必須克服這種不對稱性。缺乏資訊可能會令買方不願意購買不熟悉的產品，使得賣方難以推出新產品。而賣方給買方資訊這還不夠，因為這種可能不公平的資訊來源不太可能值得信任。因此會有一些機制來提供可接受的資訊，包括免費的試用品或是受信任的專家或已知的來源提供的評價。最近因為網路的關係，其他顧客大量的評價和評等也是一種提高買方資訊的機制，但是在某些情況下，這個方法可能也不會被買方信任，因為賣方也找到辦法操縱制度，上傳大量對自己有利的評價。

○×血腥的賽局×○

　　賽局理論原本是設計出來探究人類行為的本質，但是賽局理論也可以用來探究其他物種，而且從1980年代開始，就有人想將賽局理論套用在更大的範圍，尤其是行為的演進。

　　生物學的核心知識是天擇，也就是「適者生存」的理論。在此必須強調的是，這不是指符合任何「最佳」標準的「最佳者生存」。而是在某個時間、某個環境下，最適合生存的某個物種或是其變種，比較有可能存活得較久以繁殖並傳遞基因給後代，使得這個物種或其變種暫時得以繁衍。由於賽局理論的理性結果通常與合作不同，而天擇似乎也與合作不同，看起來似乎大自然總是很快就給予回報。通常是如此──但未必總是如此。

　　舉例來說，只要合作對掠食者有利，有些掠食者會讓獵物靠近牠們而不攻擊獵物。例如鳥類會吃掉肉食性動物身上的蝨子或其他寄生蟲，有時候甚至會探頭進去掠食者的嘴裡，啄出掠食者不想要的生物。雖然鳥類和肉食性動物可能都會受惠於合作，但看起來純粹的賽局理論似乎會

暗示掠食者應該違反這個不成文的約定，把鳥吃掉。

　　我們不能辯稱這是因為掠食者思考過長期的行動後果，想通了這樣的策略絕對會失去合作的好處。這種思維似乎超越大部分物種的能力。那麼為什麼牠們會這麼做呢？其中一個可能的答案是，人類可能運用的邏輯思維以及習得的行為之間有所不同，而大部分的動物經常會採取習得的行為。

　　雖然我們不知道人類以外的動物會不會思考未來，但即使是腦容量最小的動物也絕對有可能會學習到，某些行為會有回報而不斷重複這樣的行為。例如很多人就對鴿子做過研究，鴿子並不是很聰明的動物。曾在池塘餵過金魚的人就會知道，在固定時間、在固定位置餵食金魚，等時間到了，金魚就會往池塘的某個點聚集[4]。

　　習得行為並不是展現邏輯思考能力，而是反映出大腦是個會自行組織的系統，強化經常使用的神經元。如果

---

4 金魚的習得行為就是很好的證明，顯示金魚的記憶不只持續三秒。

某個反應有正面的結果，那麼這個反應就會重複發生——如果持續下去，這個反應發生的機率就會增加。當然，許多掠食者與獵物的特定合作關係中，掠食者完全有可能用力合上嘴，結束合作關係。但如果獵物在這樣的互動中沒死，而且通常都是這樣，加上兩者的合作順利，長期下來這樣的關係就完全有可能會強化。

雖然這個行為本身不會傳遞給後代，但是如果基因傾向在這種情況下合作的動物，可能會把合作的基因傳遞給下一代，而掠食者的幼獸在還不能對獵物構成威脅的時候，就學習到這樣的合作行為。同樣的，物種內也常有合作行為，而物種內的合作比掠食者和獵物合作更為平衡。有些分析指出，這種合作的基礎類似於重複囚犯困境的以牙還牙策略——參考電腦模擬這個策略的進化生存，也許就不那麼令人意外了。

人類之間有合作行為，動物當然也有，但許多活動是人類互動所特有的，而其中一種在賽局理論的現代運用中脫穎而出。

第一次喊價，
第二次喊價……
GOING ONCE, GOING TWICE

6

○× **競標必勝** ×○

　　賽局理論最重要的實際運用之一，無疑就是專業拍賣的設計。我們在第1章時就看過，透過拍賣的方式，在分配行動電信頻寬時非常有用。

　　傳統的拍賣是很簡單的賽局。一般人最熟悉的就是正向拍賣（forward auction）或稱為英式拍賣（English auction），只要有人出價不低於底價，那麼得標者就是出價最高的人。競標者除了設定並堅持自己的底價之外，沒有什麼其他策略可選擇。

　　而諸如eBay之類的線上拍賣則是略為調整傳統的拍賣方式，得標的價值是由第二高出價的規模來決定的。競標者事先設定出價的上限，視其他競標者的出價，系統會自動朝上限逐步出價。如果競標者出價50英鎊而你以70英鎊得標，系統不會要求你支付70英鎊，而是50英鎊，或是50英鎊再加上一筆小額增額。但重點是，你願意支付比第二高的價格買下這個競標品，所以你就是贏家。

　　第三種常見的拍賣形式則是荷蘭式拍賣（Dutch auction）。這種拍賣的方式是，售價一開始很高，然後逐漸

降低到當競標者願意支付的價格時，競標者出價，出價的人就贏得競標品。

　　不同於我們最常遇到的雙人賽局，拍賣這種賽局是由拍賣方所代表的賣方與任何數目的買方之間的賽局。買方可以使用一個強大的策略，那就是合作。舉例來說，買方之間可以討論自己要哪個物品，並且同意不要互相競標，以支付最低的金額。這樣的「圍標」行為在大部分的國家都是違法的，但很難證明真的使用了這個策略，而且這個方法的確被廣泛使用。

　　賽局理論也適用於不作弊的買方之間的互動。舉例來說，荷蘭式拍賣與懦夫賽局相反，在前面的章節中我們提到過，一般人對懦夫賽局的形容都是，有兩輛車朝著彼此直衝而來的情境。每一個參賽者都在挑釁對方繼續往前，但是最後總會有人讓步。在懦夫賽局中，堅持最久的人就是贏家。而荷蘭式拍賣之所以說是與懦夫賽局相反，因為先讓步的人就是贏家（但是只要競標者一轉向，就要支付較高的費用）。一如在其他賽局中，如果參賽者能知道其他參賽者的策略，那他們就處於更有利的位置可以從這個觀點中獲得最佳的結果。

　　當賽局理論開始應用於設計拍賣時，目標並不在於讓買方更輕鬆，而是要逼迫買方支付更高的價格。有些人甚至認為這是最惡劣的資本主義不道德的例子，但是以行動電話頻寬拍賣來說，拍賣能為政府賺進現金、讓電信公司花錢，所以一般認為這是一件好事，只不過，電信公司也很有可能把這個成本轉嫁到顧客身上。

○× 知識的光譜 ×○

　　拍賣之所以是這麼強大的賽局在於，拍賣讓參賽者看得到選擇的經濟結構機制。其他參賽者的出價所提供的資訊，就是他們認為拍賣品價值高低。1960年代時，經濟學家威廉・維克利（William Vickrey）非常支持利用賽局理論將拍賣的利益最大化。是維克利設計的拍賣方式（名稱就是很沒創意的「維克利拍賣」）影響了eBay的設計。

　　我們已經看過了，eBay會根據第二高出價者的出價，獎勵最高出價者。維克利拍賣也會這麼做，但是使用的是密封投標拍賣（sealed-bid auction）。這種拍賣的子類型

包括把標金寫在密封的信封裡，直到停止投標前都不會打開。傳統的密封投標拍賣中，最高出價者必須支付信封裡的金額，因此出價會偏向保守，因為投標者知道如果贏得競標，就必須支付他們得標的價格。對賣方來說，保守的投標並非好事。維克利的系統保證得標者支付的價格不會超過第二高的出價，以鼓勵投標者提出願意支付的最高金額。這個機制向競標者取得額外的資訊，但只有拍賣系統會知道這項資訊。

　　一直到1994年，賽局理論的方法應用於拍賣才開始顯現出對賣家的好處，因為美國聯邦通訊委員會首次請賽局理論學家參與電信頻寬拍賣的設計。這個拍賣的設計變得非常重要，以致於拍賣理論有時候被人貼上數學類別的標籤，但其實這只是賽局理論的一個次類別。

　　構想得當的頻譜拍賣能為政府賺進大額的收益。美國政府第一次進行這種拍賣時，募得了200億美元，而英國政府在2000年為3G行動電話執照進行的同類型拍賣，則是賺進了驚人的225億英鎊（約350億美元）。這些拍賣背後的機制理論上相對來說很簡單，儘管執行起來可能很複雜──然而如果設計得好，對電信公司來說就會是非常

具有挑戰性，才能以公平的價格取得執照。

　　廣泛來說，大部分這種拍賣是根據一種同步多回合拍賣（或稱為同步升高拍賣）方法為基礎。我們在第1章的例子中看過，這種拍賣通常是好幾回合密封競標不同的執照，這些執照會分組同時拍賣。每一回合結束時會公開標金，並計算下一回合的低標，通常是前一回合得標金額加上百分之五到十的增額。當某一回合沒有新的出價時，拍賣就結果，執照就會發給前一回合的得標者。

　　但是沒有機制是完美的，而且許多拍賣的執行方法所產生的結果，說得好聽一點是「不是最好的」。

○× 投標報價 ×○

　　同樣是把頻譜拿來拍賣，不同國家能透過每個潛在手機用戶募得的金額，也有很大落差，這顯示出設計不良的拍賣可能會失敗。例如當歐洲國家在2000年銷售3G執照時，英國和德國就做得非常好，平均可以透過每位潛在用戶募得600歐元。相較之下，奧地利、荷蘭和瑞士募得的

資金就不到三分之一，瑞士甚至只有每個用戶20歐元。

那麼是哪裡出了差錯？正如我們看過的，拍賣最明顯的風險就是競標者之間可以合作。如果競標者在賽局前事先討論，只有一人要對某個拍賣品出價，就可以用賣方的最低價買到──那麼拍賣就失去了為拍賣品設定市場價值的功能。因此，像頻譜拍賣這樣的高價拍賣會設定重大的懲罰方式，如果發現競標者合作，他們就會遭到懲罰。但這並沒有阻止買方尋找方法，讓他們可以分享資訊而不合作。

頻譜拍賣通常是同時拍賣好幾個頻譜段，電信公司就可以一次對一個或多個拍賣品出價。就我們所知，競標者事先沒有合作，但他們可以用自己稍早的出價來讓其他競標者知道他們的打算。

有時候拍賣設計者在不知情的情況下，給競標者溝通的工具。例如1999年德國的拍賣，每一回合競標者出價都必須比前一個最高價高出至少10%。這麼做的用意是要避免時間拖得太久。在第一回合時，曼尼斯曼公司對一段頻譜出價每兆赫茲1818萬德國馬克，另一段頻譜則出價2000萬德國馬克。1818萬這個精確得很奇怪的數字，似乎是

刻意要讓這個頻寬唯一的主要競爭對手T-Mobile注意。如果把1818萬加上10%，就是1999.8萬——基本上就是2000萬。所以曼尼斯曼似乎是在向T-Mobile暗示，在下一回合用2000萬超越他的1818萬出價，這樣雙方都可以用較低的金額得到自己想要的。

這樣算共謀嗎？曼尼斯曼可以誠實說，兩間公司沒有談過，但他們的意圖絕對已經傳遞給另一方了。如果執行拍賣的機構不改變拍賣的方式，看不太出來要如何避免這種策略，至於如何改變拍賣的方式，我們稍後就會看到。這種間接的共謀機制就像是用紅蘿蔔鼓勵——一間公司給另一間公司機會在下一回合中也做同樣的事。但也有可能運用競標的模式為棍子，以威脅對方會遭到報復。

美國在1990年代拍賣頻譜時，有兩間公司這是這麼做的。美國西方公司和麥克洛德公司當時在競標某個州的部分執照（美國的頻譜執照通常只涵蓋國家一小部分地區，而不像歐洲的執照可通用全國）。每一間公司似乎都決定取得拍賣品編號378的明尼蘇達執照，因而推高了競標價。但後來美國西方公司對兩張愛荷華州的執照出價，在此之前，麥克洛德公司似乎沒有競爭對手就可以取得

這兩張執照。

　　美國西方公司對愛荷華執照不只出價高於麥克洛德，而且金額很特殊，分別是62,378美元和313,378美元。大部分的標金都是千元整數的倍數，但這兩個數字特別突出，吸引人注意到378這個數字。麥克洛德看懂了暗示，就不再對拍賣編號378出價，後來麥克洛德就可以輕鬆拿下愛荷華州的執照。若只是以奇怪的數字出價也許就夠了，但美國西方公司卻以378這個數字為結尾，很明顯就是在暗示。當局大可以檢舉說這是明顯的共謀邀約，但不論是什麼原因，最後並沒有這麼做。

　　別忘了在這兩個例子中，他們都用詳細到可疑的數字競標來傳遞訊息，以致於後來拍賣設計師改了規定，現在競標價必須四捨五入到相對高的金額，這樣對競標者來說就很難溝通了。（以愛荷華的執照來說，如果競標出價必須四捨五入至千元，那西方公司就必須出價378,000美元。）第二個改變是匿名競標。每一回合結束時都要公佈出價的金額，但是競標者不會知道哪一筆金額是誰出的價，讓他們無法溝通。

　　根據我們在第1章提到的拍賣專家羅柏‧李斯的說

法，「頻譜拍賣費了很多心思以避免共謀，大致上有兩種方法。第一，透過嚴格的申請和檢查程序，然後競標者才會被接受參與競標。第二，如果被發現任何合作或共謀的情形，就會施以嚴格的懲罰，包括被完全禁止參與拍賣。」但實際上，如上面的例子所示，有時候拍賣方根本不想花任何心力去監督頻譜拍賣。

○× 完善的規定 ×○

拍賣會之所以會失敗，通常是因為賽局規則不完備。所以非常重要的是，要了解拍賣就是一場賽局。如果賽局的規則不清楚而且沒有告知所有人，結果就會造成模糊空間和衝突。有時候則是規則完善，但卻沒有善加執行。舉例來說，許多拍賣會有一個底價——如果要繼續完成拍賣就必須達到這個價格。如果底價設定得太低，就像前述瑞士電信拍賣的情況，結果就是報酬太低。如果底價定得太高而沒有人出到這個價錢，賣方就會沒有面子。

同樣的，有多個拍賣品的大規模拍賣，需要有強勢的

規定如何懲罰棄標。曾經發生過幾次電信拍賣會後，得標的公司改變心意，但懲罰棄標的費用比執照費還要便宜得多。結果，最擅於操弄拍賣制度的公司，競標的拍賣品比他們真正想要的還要多，得標後再來挑選最好的，剩下的就棄標。的確有可能將棄標懲罰定得很高以防止棄標，但拍賣的規定必須滴水不漏才行。

　　對違約競標者的懲罰也必須非常小心。荷蘭在2000年的3G拍賣會上，競標價值被大幅降低，因為其中一個競標的公司對另一間公司提出虛假的法律威脅。電信堡威脅要與多藝電信對簿公堂，並指控該公司把好幾張執照的價格推高，但根本無意得標──意思是，多藝電信企圖迫使競爭對手支付更高的金額以打擊他們。並沒有證據支持這個說法，但政府也沒有提出反制的方法，結果多藝電信最後退出拍賣。

　　少了一個競標者，現在只剩下六間公司競標六張執照，也就是說，沒有足夠的競爭以賣出個好價錢，結果荷蘭政府收到的標金比原先預期的還要少很多。競標者和拍賣品數量一樣多就沒有了競爭，因為新加入的公司也不太可能會想參與競標。在設計良好的拍賣中，通常執照數

量會比競標的公司多一個，而且各家公司只能取得一張
執照。

○× **封閉式的真相** ×○

　　雖然一般人最熟悉的拍賣是在拍賣時知道別人出價的
拍賣方式，但我們知道也有別的拍賣方式，那就是封閉式
出價。單純的封閉式出價最大的問題在於無法資訊共享，
但資訊共享正是拍賣得以有效進行的原因；不過，前面提
到的維克利式拍賣可以減輕這個問題。封閉式出價拍賣也
很有吸引力，因為這種拍賣方式比傳統的拍賣能吸引更多
參與者，因為潛在的買家會認為出個相對較低的價格也無
所謂，而且可能會得標。

　　從賽局理論發展出一種特別複雜的設計，那就是混合
式拍賣，有時又稱為英荷式拍賣，這種拍賣方式先是以傳
統的增加拍賣金額，直到剩下兩個競標者，然後他們再進
行維克利密封式出價。這麼做的優勢在於，競標者已經得
到拍賣品估價的資訊，所以他們就可以針對這個資訊最後

一次出價。這麼做也是為了防止有錢的競標者掌控整個賽局，總是出價比競爭對手還要高——但實際上，在這種情況下，傳統封閉式出價的結果可能更好。

雖然eBay並非明確採行封閉式出價拍賣，但結果卻感覺很像英荷式拍賣，因為很多人競爭的拍賣品在最後幾秒鐘會有很多人出價。這就很像封閉式出價，因為其他競標者都沒有時間反應。

羅柏‧李斯指出資訊對拍賣流程的重要性：「設計拍賣時其中一個決定就是資訊政策。當拍賣持續進行，競標者會得到什麼資訊？有時候資訊會不明顯地透露出來。如果你去拍賣會，隨著拍賣官喊出更高的價位，就會看出不同價位時的需求。不論如何，頻譜拍賣的價位都傳遞出總體需求的資訊。而這又與一般拍賣會不同，拍賣官只要隨時看到任何地方有人先舉手，就會調高價格。」

這就是這些比較複雜的拍賣類型，與單純找更高出價者的拍賣會其中一個不同之處。在頻譜拍賣時通常有多個拍賣品，就有點像拍賣官問：「有人要出100英鎊嗎？」然後告訴拍賣間裡所有人，有十個人原意出100英鎊，看看有沒有人願意出200英鎊。

　　李斯指出，精密度提高，也就提高了複雜度：「當拍賣品之間有加成效果時，拍賣的設計就會更複雜，就像頻譜執照的拍賣。通常某些電信營運商會想要在某個地理區域取得足夠多的項目，或是拿下地理位置相鄰的區域，以擴大網路覆蓋範圍。那就不是這些執照的價值等於個別價值的加總那麼簡單了；這其中也有互補作用。此時對競標者來說，知道不同拍賣品的整體需求就變得很重要。因為這樣他們就可以知道其他競標者的需求模式，並且據此調整他們的出價。而且他們可以在不知道個別出價者是誰的情況下這麼做。但是一般認為，揭曉整體需求這項資料有助於競標者發現他們的最佳出價策略。」

○× 與賭徒鬥智 ×○

　　當賽局理論被用於拍賣設計時，其中一個明顯的考量點就是，同樣的理論也可能被競標者用來操縱拍賣的結果。我們看過競標者在投標金額中隱藏訊息以操縱競標，例如美國西方公司的投標金額62,378美元和313,378美

元。但這並非唯一的機會。因為了解賽局理論的拍賣設計師，會尋找機會限制投標者利用策略取得不公平優勢的能力。

有時候問題不在於競標者策略地利用系統來傳遞資訊，而是在於不清楚到底資訊是什麼。假設有一間房子要拍賣，根據同一個區域類似的房屋售價，競標者通常可以知道這間房子的合理價值。但是頻譜拍賣卻會有相當多不確定的資訊，因為這涉及新的科技，而電信公司不知道顧客認為這項技術的價值為何。

在本書寫作時，下一代行動網路的5G執照正在進行拍賣——但電信公司並不清楚顧客是否願意付錢取得額外的功能。5G服務能提供媲美光纖寬頻的超高速連線，所以預測員可能覺得顧客會廣泛接受。但是顧客願意付的金額是有限的，精明的消費者會知道，目前的4G高速網路仍不是到處都有，而且品質也很不穩定；所以消費者也很有可能不想花大錢取得一個可能十年內都還無法完善的技術。由於所有的行動電話營運商都無法確定，就更不會知道競爭者對新執照價值的看法。這表示拍賣設計師必須為不知道策略為何的競標者建構一個賽局。

　　因為資訊對賽局理論非常重要,所以比較厲害的競標者會部署的其中一個策略就是,除了拍賣者揭露的資訊外,另外尋找是否有其他的資訊能帶來比對手更有利的競爭優勢。例如,在房屋拍賣時,一位競標者可能比其他人更清楚,住在同一條街上的其他住戶及他們的行為,這樣可能會讓房子更有價值,或更沒價值。拍賣制度以外的私人資訊,可能會被利用來調整並強化策略以提供競標者優勢,而這種情況很可能會發生在像5G這樣的拍賣。

○× 邪惡的賽局 ×○

　　我們看過了幾個機會,讓競標者可以利用包括違規(或至少是規避規定)的策略。研究賽局理論幾乎會有一個無可避免的結果,那就是嘗試一些刻意造成劣勢規定的賽局,使參賽者一開始就不應該參賽。蘭德公司的數學家馬汀・舒比克(Martin Shubik)就想出一種這樣的賽局,一美元拍賣。這個賽局是要拍賣一美元鈔票(若有必要,可以把美元換成英鎊、歐元或任何一種當地貨幣)。這是一

個標準的正向拍賣，也就是最高價者贏，但是這個賽局還有一個新的變化，那就是第二高價者必須付出他所投標的金額，但卻什麼也得不到。

競標者很有可能會從 0.1 美元開始競標。畢竟誰不想用一分錢換一塊錢？但是幾乎可以肯定會有另一位競標者出價 0.2 美元。現在第一位出價者面臨要花 0.1 美元卻沒有報酬的處境了。除非這是個雙人賽局，否則很有可能會有別人出 0.3 美元或更多錢，所以第一位出價者可能會堅持下去，一旦有別人出價，第一位出價者就可以退出了。但如果沒有其他人出價，那麼第一位出價者就可以出 0.3 美元，再次成為最高出價者。

這個加價的過程會持續下去，直到有人出價 0.99 美元。為什麼會有人出更高價？因為第二高出價者現在可能要花 0.98 美元，卻可能一無所獲。因此，出價 0.98 美元的人可能會出價 1 美元。如此一來他就不會虧損，只是損益兩平。但是賽局就在此時變得邪惡。如果原本出價 0.99 美元的人什麼也不做，那麼他就會虧損 0.99 美元。但如果他出 1.01 美元，也就是比 1 美元價值更高一點，那他就只會虧損 0.01 美元。為了避免更大的虧損，賽局就值得一直持

續下去。

理論上，整個賽局可能失控，投標金額愈來愈高。實際上，到了某個金額點，大部分的競標者會決定停損。一旦看出來這情況，參賽者就會決定放棄，虧損相對小額的錢，而不是繼續把標金推高。由於愈來愈少人繼續競標，所以金額也很少飆升得很高。但是在實際進行這個賽局時，有些競標者支付5美元換取1美元鈔票，而另一人得支付4.99美元卻什麼也沒得到，這種情況並不罕見。

一美元拍賣是個很有效的模型，可以反應真實世界的情境，尤其是不知道要排隊多久的情況。不過，有些電話等待系統會告訴你，線上等待的人數，讓你知道客服接電話的進度，以及可能還要多久才會輪到你，而很多電話等待系統不會這麼做。這種情況下，在線上等待的人就像美元拍賣的競標者。如果排隊的隊伍太長，到了某個時間點，大部分的人就會放棄，並「支付」他們已耗掉的時間而沒有得到報酬。

主題樂園有時候會故意設計成隱藏資訊，把隊伍設計像迷宮一樣的空間裡，讓排隊的人無法決定何時要停損。就這一點來說，一美元拍賣隊伍簡直短得像不存在。再以

等公車為例，你願意在公車站等多久，然後才會放棄、離開，浪費了之前等待的時間卻什麼也沒得到？從火車站到我家的公車路線，有時候我會玩比這個賽局更有建設性的版本。如果我沿著公車路線走15分鐘，我就可以支付低得多的公車費搭車。但這麼做也有可能錯過一班公車，結果反而要等更久。這原本是個很高風險的策略，但是現在我們已經可以用手機查公車到了哪裡，所以這會是個能讓我獲利的賽局。

　　一美元拍賣的變型是雙人版，參賽者可以討論策略。如此一來賽局就變成了最後通牒賽局（請參閱第4章）。我可能會向對手說：「讓我用0.01元得標，那我就給你0.49元。我們都會得到相同的獲利而沒有風險，只不過我有可能會違約。互相信任的參賽者可以從這個策略受惠最大。但如果另一方面，我出價0.01，而且只給對方0.05美元，請他不要加入賽局，他的反應很可能會和最後通牒賽局的低價出價一樣。在這個賽局中，類似的做法就是以比我更高的價格出價以懲罰我給他的利益太低。如果我很了解賽局理論，我就可能給對方0.40元，請他不要再出價，這樣他可能會覺得報復了我，但我們都還是能因此受惠。

○× 大腦會玩遊戲嗎？×○

　　除了拍賣的技術領域外，賽局理論看似抽象的數學、不符合真實的世界，因為賽局理論假設參賽者都是理性的，而且會根據可取得的資料做出最佳的選擇——這和人類行為真實的情況非常不同。但是證據顯示，至少在神經元相互作用的層面上，大腦功能的某些方面反映出賽局理論背後的邏輯程序[1]。

　　在一般生活中，大部分的人在做決定時不會坐下來計算一大堆數學，這個計算出結果的過程可能會讓大腦覺得疲勞。但並不表示沒有心智的流程。從大腦似乎會運用貝氏定理（Bayes' theorem）中就可以看得出來。這是個很強大的或然率工具，而且通常看似很反直覺，但是這很類似神經網路互動的方式。

---

1 神經元是互連的大腦細胞，透過細胞連結的方式有效地進行運算，並且在達到某些觸發水準時傳送訊號。

　　貝氏定理是一種機制，可以將我們已知的或然率轉換為我們想知道的或然率。由於本書是在新冠肺炎疫情期間撰寫的，現在有一個很類似的例子，那就是醫學檢驗的有效性。在本書撰寫時，有兩種主要的檢驗方法：聚合脢連鎖反應（polymerase chain reaction）檢驗是最好的，但是很昂貴而且需要好幾天才有結果。另一種是側向流體免疫層析法（lateral flow test），可以在一小時內完成而且便宜得多，但是比較不可靠。

　　所有的檢驗方式都會發生兩種或然率。檢驗結果說你沒確診，但其實你確實病了（假陰性），以及檢驗結果說你確診，但你並沒有生病（假陽性）。檢驗避免假陰性的能力稱為敏感性（sensitivity），而避免假陽性的能力稱為特異性（specificity）。側向流體免疫層析法是兩種檢驗方式中較不可靠的，所以使用其中一種檢驗方式時，必須確定檢驗結果的或然率具有意義。

　　一項最近的研究發現，最好的側向流體免疫層析法檢驗在專業實驗室進行時，特異性是99.68％，敏感性是76.8％，但家用快篩的執行結果卻降到57.5％。較低的百分比是比較重要的，因為使用快篩的目的就是要避免像

在實驗室檢驗那樣花時間，因此在這個例子中，我們將使用最低的敏感性數字。特異性告訴我們的是，如果你沒得新冠肺炎卻驗出陽性的機率是0.32%，而敏感性告訴我們的是，如果你得了新冠肺炎卻驗出陰性結果的機率是42.5%。但這些都無法提供我們真正想要的資訊。

　　我們就以假陽性為例來看看。特異性就是你沒有得到新冠肺炎，檢測結果卻是陽性的機率。但我真正想知道的是如果我驗出陽性卻沒得到新冠肺炎的機率。貝氏定理是一種機制，可以將一種或然率轉換成另一種──但我們還需要兩個資訊。其中一個就是感染率，另一個則是有多少人檢驗。在本書寫作時，英國的全國感染率平均是10萬分之40，而一天接受側向流體免疫層析法檢驗的人數是100萬。所以在100萬受測者中，約有400人得病。其中約有230人會使用家用快篩。同樣的，在沒有得病的99萬9,600人中，0.32%的人會測出假陽性，大約是3,200人。

　　我們可以說3,200個陽性結果是假的，而230是真的。所以當你檢測出陽性而且真的得病的機率是230/3,430，大約是14.9分之1，也就是6.7%的機率。實際上，情況更複雜，因為疾病在全國各地的蔓延速度並不平均。這些數

字只適用於一般地點——如果你所在的地點沒有感染的平均數，那麼你就要根據所在地的資料調整百萬分之400這數字。

　　大部分的人比較擔心假陰性，而不擔心假陽性。假陽性代表你可能有一段時間要進行不必要的隔離，但是假陰性代表你可能有傳染性卻還到處走動，或甚至病況可能變得很嚴重。敏感性57.5%，表示得了病而且有57.5%的機率會驗出陽性，所以表示有42.5%的機率可能得了病但是驗出的結果是陰性。但是如果你的檢驗結果是陰性，但你其實得了病的機率是多少？以全國各地的病況分佈的前提，在陰性結果中，99萬6,400人沒有得病，而170人得病。所以驗出陰性結果，但其實卻得了病的機率就是170/996,400，也就是0.017%。

　　我們現在更了解檢驗結果了。如果我的檢驗結果是陽性，雖然我應該自我隔離，但不應該恐慌，因為有93.3%的機率我並沒有得病。然而貝氏統計會要求，如果有其他先前的資訊就必須更新結果。舉例來說，如果我有些症狀，我不屬於總人口的一部分，而是有新冠肺炎症狀的少數人口。在這群人之中，得病的人數就比10萬分之40還

要高出許多。如果我檢驗出陰性結果，雖然整個人口中驗出假陰性的機會非常低，但是因為檢驗相對不精確，所以應該再做第二次檢驗，才能假設陰性的結果是正確的。

○✕ 賽局理論和現實情況 ✕○

將貝氏定理套用至真實生活的情況中時，看來似乎很反直覺。數學計算對我們來說並非自然的事。但大腦似乎有個迴路會執行這個機制，而不必計算數字。舉例來說，研究我們動作控制的方式，顯示大腦會結合感官輸入的經驗資料，以及這個資料有多可靠，以產生動作。就像較傳統的賽局理論，貝氏定理給我們機會做更好的決定。

雖然大部分的經濟學家從沒有真正掌握賽局理論，但賽局理論仍被廣泛使用於其他領域。搜尋一下文獻就會發現，每年有數千份學術報告使用賽局理論，應用的範圍之廣令人訝異。研究2019到2020年發表的報告，有一份報告運用得特別恰當，利用賽局理論來判斷哪一種比較有效，是以隔離檢疫為預防措施，還是完全隔離有傳染力

的疾病。（報告的建議是，當疾病普遍時應該兩者並行，但是當疾病不盛行時，隔離檢疫的影響比完全隔離要來得好。）

其他主題還有物聯網（internet of things）的管理軟體策略、符合勞工法限制的供應鏈模型、設計環保獎勵方案、推廣預先製造的建築、廢棄物管理、無人機充電時程安排、公路上變換車道、油氣管線遭第三方破壞的風險管理、嬰兒腸道細菌感染的模型，以及信用卡詐欺偵測。賽局理論的方法雖然已不再是數學的尖端領域，但是這個理論提供一個強大的方法，可廣泛應用於模型研究。

雖然我不太可能利用賽局理論來做日常生活的決定，但賽局理論還是有很大的好處。賽局理論能幫助我們更了解如何處理兩難的困境，以及在日常生活中和他人的互動、找出我們的價值。正如物理模型雖然把真實世界簡化了，但模型仍然是可用的，所以賽局理論的表格和樹狀圖提供簡化的人類決策、談判與競爭模型，仍然是很實用的方式。

在超市裡要選擇買哪一種口味的冰淇淋，不太可能畫賽局理論表格，就像在投球時不太可能會去計算牛頓力學

的數學公式，但是每一個模型都能幫助我們更了解情況。當然，當人們互動而且希望做出最好的決定時，這些模型就非常重要。

延伸閱讀
FURTHER READING

'Mastering the Game of Go without Human Knowledge', *Nature* 550, 354–359 (2017).
◎對AlphaGo人工智慧圍棋軟體有興趣的讀者，可以進一步閱讀這篇文章。

Discovering Prices: Auction Design in Markets with Complex Constraints, Paul Milgrom (Columbia University Press, 2017).
◎這本書詳述了關於拍賣設計的細節。

'What Really Matters in Auction Design', Paul Klemperer, *Journal of Economic Perspectives* 16:1, Winter 2002, 169–189.
◎這篇有趣的學術報告，指出許多拍賣設計的缺陷，說明拍賣可能出差錯的地方。

'Are Our Brains Bayesian', Robert Bain, *Significance* (Royal Statistical Society), August 2016, 14–19.
◎這篇關於「貝氏腦」的文章很值得一讀，說明人類大腦會運用貝氏邏輯。

Theory of Games and Economic Behavior, John von Neumann and Oskar Morgenstern (Princeton University Press, 1953).
◎約翰‧馮紐曼與奧斯卡‧摩根斯坦合著的《賽局理論與經濟行為》,是賽局理論的聖經,內容非常生硬(而且很長)。

Introducing Game Theory, Ivan Pastine, Tuvana Pastine, Tom Humberstone (Icon Books, 2017).
◎這是一本關於賽局理論的視覺圖解,著重於賽局理論要教我們的事,而不是理論本身。

The Compleat Strategyst: Being a Primer on the Theory of Games of Strategy, J.D. Williams (Dover Publications, 1986).
◎這本書講的是賽局理論的實用性,相當奇特的賽局理論入門,而且書中的幽默感很復古(1950年代)。內容深入探討不同類型賽局的解決之道。

A Beautiful Mind, Sylvia Nasar (Faber & Faber, 1998).
◎電影《美麗境界》的同名原著小說:這本饒富同情的傳記,比他的數學研究更詳盡描述約翰‧納許的一生。

John von Neumann: The Scientific Genius Who Pioneered the Modern Computer, Game Theory, Nuclear Deterrence and Much More, Norman Macrae (Pantheon Books, 1992).
◎是一本很有意思,但也很古怪的馮紐曼傳記。

Economyths: 11 Ways Economics Gets It Wrong, David Orrell (Icon Books, 2017).
◎這本書描述了關於經濟學的限制,詳細解說把經濟學當成數學科學是件失敗的事。

Game Theory: Understanding the Mathematics of Life

反直覺的賽局思維
贏得商業拍賣、博彩遊戲到大國核戰略的勝率分析

布萊恩・克雷格 Brian Clegg　著／呂佩憶　譯

GAME THEORY: UNDERSTANDING THE MATHEMATICS OF LIFE by BRIAN CLEGG
Copyright: © 2022 by BRIAN CLEGG
This edition arranged with The Marsh Agency Ltd & Icon Books Ltd.
through BIG APPLE AGENCY, INC., LABUAN, MALAYSIA.
Traditional Chinese edition copyright: 2023 Briefing Press, a division of And Publishing Ltd
All rights reserved.

大寫出版

書　　系：使用的書In Action!
書　　號：HA0106
著　　者：布萊恩・克雷格 Brian Clegg
譯　　者：呂佩憶
封面及內頁設計：Fiona
行銷企畫：王綬晨、邱紹溢、陳詩婷、曾曉玲、曾志傑、廖倚萱
特約編輯：郭嘉敏
大寫出版：鄭俊平
發 行 人：蘇拾平
發　　行：大雁文化事業股份有限公司　　台北市復興北路333號11樓之4
　　　　　電話 (02) 27182001　　　傳真 (02) 27181258
　　　　　大雁出版基地官網：www.andbooks.com.tw

初版一刷：2023年3月
定　　價：400元
ISBN 978-957-9689-96-0

國家圖書館出版品預行編目 (CIP) 資料

反直覺的賽局思維：
贏得商業拍賣、博彩遊戲到大國核戰略的勝率分析
／布萊恩‧克雷格（Brian Clegg）著；呂佩憶譯
初版｜臺北市：大寫出版社出版：
大雁文化事業股份有限公司發行，2023.03
224 面；14.8x20.9 公分（使用的書 In Action! ; HA0106）
譯自：Game Theory : Understanding the Mathematics of Life.
ISBN 978-957-9689-96-0（平裝）
1.CST: 博奕論

319.2   112000318

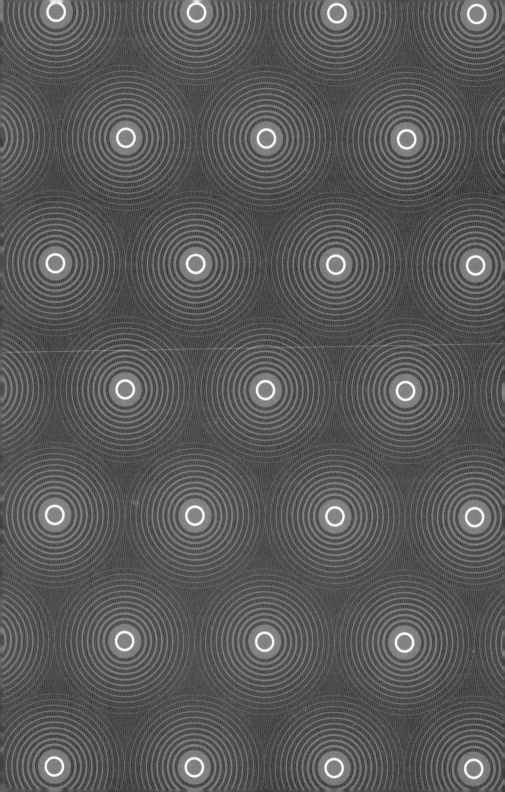